北京理工大学"双一流"建设精品出版工程

Fundamental Theory and Application of
Non-equilibrium Statistical Physics

非平衡态统计物理基础理论及应用

邢修三 ◎ 著
胡海云 李军刚 ◎ 整理

北京理工大学出版社
BEIJING INSTITUTE OF TECHNOLOGY PRESS

内 容 简 介

本书共两部分，分别为非平衡态统计物理理论和非平衡态统计物理的应用。其中，非平衡态统计物理理论部分为邢修三教授撰写的遗作；非平衡态统计物理的应用部分主要是根据著者在国内外期刊已发表的论文整理编写。本书适用于非平衡态统计物理领域的研究人员使用，也可作为相关学者和研究生的教学参考用书。

版权专有　侵权必究

图书在版编目（CIP）数据

非平衡态统计物理基础理论及应用／邢修三著．
北京：北京理工大学出版社，2025.3.
ISBN 978-7-5763-5254-2

Ⅰ．O414

中国国家版本馆 CIP 数据核字第 2025P9V476 号

责任编辑：李颖颖　　文案编辑：李思雨
责任校对：周瑞红　　责任印制：李志强

出版发行／北京理工大学出版社有限责任公司
社　　址／北京市丰台区四合庄路6号
邮　　编／100070
电　　话／（010）68944439（学术售后服务热线）
网　　址／http://www.bitpress.com.cn

版 印 次／2025年3月第1版第1次印刷
印　　刷／三河市华骏印务包装有限公司
开　　本／787 mm×1092 mm　1/16
印　　张／11
字　　数／184千字
定　　价／66.00元

图书出现印装质量问题，请拨打售后服务热线，负责调换

前言

邢修三教授把毕生精力都奉献给了教育和科研事业，其主要学术成就集中在以下三个领域。

- 固体断裂理论：他建立了固体断裂非平衡统计理论，并于1997年获得国家自然科学三等奖。
- 非平衡态统计物理原理：2000年，他提出了一个新的非平衡态统计物理基本方程，为非平衡态和平衡态统计物理提供了统一理论框架，解决了此领域百余年来未解的重大问题。
- 信息理论：2014年，他将香农静态统计信息理论拓展至动态过程，创立了以描述动态信息演化规律的动态信息演化方程为核心的动态统计信息理论，进而推导出了信息流公式、信息耗损率公式、动态互信息公式和动态信道容量公式。香农静态统计信息理论则可视为动态统计信息理论的一个与时空过程无关的特殊部分。

后两套基本理论均为邢教授独创，国内外尚无相关研究。这些理论在物理、材料、生物物理等众多学科中得到了广泛应用。

本书为邢教授毕生的独创性成果，经众多学者的建议，现以专著的形式呈现给感兴趣的读者。第一部分为邢教授的遗作，是其多年潜心研究的成果，很遗憾未能在其生前及时交稿出版。该部分以刘维尔扩散方程为基础，建立了非平衡态统计物理的统一理论框架，并给出了熵的演化方程。邢教授一生在《中国科学》《科学通报》等刊物上发表过百余篇论文，也培养了很多优秀研究生。北京理工大学第一篇全国百篇优秀博士论文就是在邢教授的指导下完成的。

　　本书第二部分将理论联系实际，介绍了非平衡态统计物理在固体断裂（包括疲劳断裂、延时断裂和材料退化失效等）方面的应用，其内容基于邢教授及其合作者发表的有关固体断裂非平衡态统计理论应用论文，由胡海云、李军刚整理而成。

　　尽管邢教授在非平衡态物理领域进行了许多国际前沿研究，但仍有很多人，包括物理学领域专业人士，对其贡献了解甚少。我们希望借此专著，将邢教授的非平衡态统计理论的独创性工作成果介绍给学者，让后人受益，少走弯路。邢教授在未完成全部书稿时突然驾鹤西去，我们不确定能否完全贯彻了邢教授的思想和理念，书中难免会有疏漏或不足之处，敬请大家指正。

　　本书获得了国家科学技术学术著作出版基金项目的支持，在此感谢北京理工大学教务部、北京理工大学出版社对本书出版的大力支持。

目 录
CONTENTS

第一部分 非平衡态统计物理理论

第 1 章 引言 …… 004
   1.1 物质的微观结构 …… 004
   1.2 微观动力学可逆性 …… 004
   1.3 宏观系统和宏观性质 …… 005
   1.4 非平衡态统计物理的目的 …… 005

第 2 章 非平衡态统计物理基本方程 …… 006
   2.1 物理学中基本方程的共同特性 …… 006
   2.2 非平衡态统计热力学基本规律 …… 006
   2.3 刘维尔方程作基本方程的局限性 …… 007
   2.4 非平衡态统计过程的随机理论 …… 009
   2.5 新的基本方程：刘维尔扩散方程 …… 013

第 3 章 BBGKY 扩散方程链与动力学方程 …… 018
   3.1 BBGKY 扩散方程链 …… 018
   3.2 动力学方程 …… 021
   3.3 玻尔兹曼的 H 定理 …… 024
   3.4 弗拉索夫方程 …… 026

第 4 章 流体力学方程 · · · 028
4.1 流体力学衡算方程 · · · 028
4.2 流体质量演化方程 · · · 029
4.3 流体动量演化方程 · · · 031
4.4 流体能量演化方程 · · · 033

第 5 章 熵的定义与物理意义 · · · 038
5.1 克劳修斯热力学熵 · · · 038
5.2 玻尔兹曼统计熵公式 · · · 040
5.3 热力学熵、统计熵和吉布斯熵三者等价 · · · 042
5.4 玻尔兹曼-吉布斯熵 · · · 043
5.5 查理斯熵 · · · 044
5.6 信息熵 · · · 046

第 6 章 非平衡熵演化方程 · · · 048
6.1 固体非平衡熵演化方程 · · · 048
6.2 B-G 非平衡熵演化方程 · · · 049
6.3 查理斯非平衡熵演化方程 · · · 052
6.4 信息熵演化方程 · · · 053

第 7 章 熵产生率公式 · · · 055
7.1 非平衡态熵产生率 · · · 058
7.2 定态熵产生率 · · · 062
7.3 简短结论和讨论 · · · 066

第 8 章 线性非平衡态统计热力学 · · · 067
8.1 力和流 · · · 067
8.2 昂萨格倒易关系 · · · 068
8.3 最小熵产生定理 · · · 069
8.4 涨落耗散定理 · · · 071

第 9 章 趋向平衡 · · · 073
9.1 熵扩散 · · · 073
9.2 趋向平衡的熵扩散机理 · · · 073
9.3 两例熵密度扩散率和弛豫时间估算 · · · 074

9.4 平衡态系综 ··· 075

第二部分　非平衡态统计物理的应用

第10章　非平衡统计断裂力学 ··· 078
 10.1　可靠性物理动力学 ·· 078
 10.2　脆性断裂非平衡统计理论 ·· 082
 10.3　疲劳断裂非平衡统计理论 ·· 101
 10.4　延时断裂非平衡统计理论 ·· 123
 10.5　热激活断裂非平衡统计理论 ····································· 134
 10.6　陶瓷断裂非平衡统计理论 ·· 141
 10.7　材料退化失效的非平衡统计特性 ······························· 149

第11章　非平衡统计理论在其他方面的应用 ··························· 156
 11.1　无序的产生动力学——从晶体缺陷、机器异常到生物疾病和社会罪犯 ·· 156
 11.2　浅论信息理论及其与生命科学的结合 ························· 159
 11.3　动态统计信息理论及其与物理学和系统理论的关系 ········ 160

参考文献 ··· 165

第一部分

非平衡态统计物理理论

非平衡态统计物理作为理论物理一个独立的主要分支学科，能否像其他分支学科一样，以探寻完满的基本方程为核心，建立一个严格统一的理论？这是本书第一部分非平衡态统计物理理论所探讨的问题。

本书第一部分提出将 $6N$ 维相空间的随机速度型 Langevin（朗之万）方程或其等价的 Liouville（刘维尔）扩散方程作为非平衡态统计物理的基本方程。作为一个基本假设，它揭示了统计热力学运动规律是由动力学规律和随机性速度二者叠加而成的，因此在本质上不同于动力学规律。粒子的随机扩散运动是宏观不可逆性的微观起源。

基于该基本方程，导出了 Bogoliubov–Born–Green–Kirkwood–Yvon（BBGKY，博戈留波夫–玻恩–格林–柯克伍德–伊冯）扩散方程链、Boltzmann（玻尔兹曼）碰撞扩散方程和流体力学方程，进而首次得到了 $6N$ 维、6 维和 3 维相空间的非平衡熵演化方程，预言了熵扩散的存在。这一熵演化方程表明，非平衡熵密度随时间的变化率是由其在空间的漂移、扩散和产生共同作用引起的。由这个熵演化方程给出的 $6N$ 维和 6 维相空间的熵产生率公式（熵增加定律公式）、熵减少率或另一种熵增加率的共同表达式、统一热力学退化和自组织进化的表达式，阐明了趋向平衡的熵扩散机理。

熵产生率公式显示，非平衡态统计物理系统宏观熵的产生是由其微观状态数密度在空间随机地、不均匀地离开平衡引起的。熵减少率或另一种熵增加率的共同表达式表明，非平衡系统内部吸引力能导致熵减少，而排斥力则引起另一种熵增加。统一热力学退化和自组织进化的表达式是由熵产生率公式、熵减少率表达式（即熵流表达式）之和表示的，表明熵增加和熵减少共存于一个系统和理论表达式中，相互对抗抵消。趋向平衡的熵扩散机理揭示，非平衡系统趋向平衡的过程是由熵自发地从高密度区扩散至低密度区引发的。

微正则系综也是刘维尔扩散方程的平衡态解。所有从新的基本方程出发推导出的结果都是统一的、严格的，均未增补其他新的假设。

最后给出了新的基本方程，以及由它导出和预言的各种结果的相互关系，本书思路如图 0.0.1 所示，其中非平衡熵演化方程是非平衡熵理论中的主导方程。

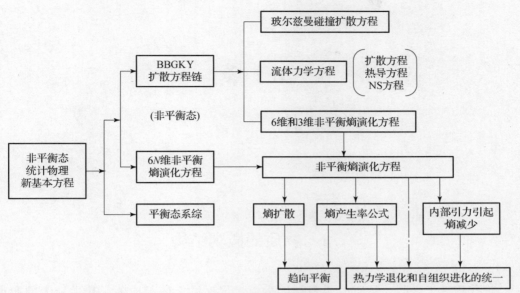

图 0.0.1 本书思路图

第 1 章
引　言

1.1　物质的微观结构

现代物理学表明，物质的微观结构是由多层次微客体组成的，其中最大的微客体是分子，如氧分子、水分子等。分子由原子组成。例如，氧分子由 2 个氧原子组成，水分子则由 2 个氢原子和 1 个氧原子组成。原子由 1 个原子核和 1 个电子或多个电子组成。例如，氢原子由 1 个原子核和 1 个电子组成，氦原子由 1 个原子核和 2 个电子组成，氧原子则由 1 个原子核和 8 个电子组成等。原子核由质子和中子组成。当质子数与原子的电子数相等时，这个原子是电中性的，这就是正常的原子；而当质子数与电子数不等时，这个原子是带电的，这就是离子。为简化起见，各类微客体统称粒子。由于本书研究的是经典统计物理，与量子无关，故这些粒子不包括光子和声子。

1.2　微观动力学可逆性

物理学中的微观动力学是指粒子遵守牛顿运动规律的经典动力学、电磁场和带电粒子系统遵守电磁运动规律的电动力学、粒子遵守量子运动规律的量子力学和相对论量子力学。这 4 种动力学的基本方程分别是牛顿动力学方程或其等价的哈密顿方程、麦克斯韦方程组、薛定谔方程和狄拉克（Dirac）方程。它们和统计物理中的刘维尔方程都是可逆的，即时间反演对称。鉴于这些动力学规律的确定性，描述确定性规律的方程都是可逆的。

1.3　宏观系统和宏观性质

尽管客观世界的物质其微观结构由多层次组成，但与统计物理有关的层次仅有两个：宏观层次与微观层次。物质的宏观层次又称宏观系统，它作为一个整体可以被人感知，如一瓶气体或液体、一块固体等。生命体也是宏观系统。这类系统包含10^{23}量级个相互作用的粒子。微观层次描述则是大量粒子各自的运动规律。

系统的微观状态指系统中每个粒子的位置和运动的动量，遵循哈密顿方程。由于粒子总在不断地运动，系统的微观状态总在变化，因此它与实验可测量的宏观系统的宏观物理量并无直接关系。通常由实验可测量的一些宏观物理量，如浓度、压力和温度等，描述的状态是系统的宏观状态。任何一个宏观状态都包含很多微观状态。

系统的宏观性质，即宏观量可分为两类：一类直接与微客体的相应运动相关，有相应的微观性质；另一类只与系统的整体状态有关，没有明确的微观性质。前一类量称为力学量，后一类量称为热学量。能量和电极化强度等是典型的力学量，温度和熵等则是典型的热学量。单个分子有能量和极化强度，但没有温度和熵。温度只是系统热平衡的一个参量，熵则表示系统能量在转化过程中有效能转化成无效能的度量。

1.4　非平衡态统计物理的目的

统计物理研究的是大量粒子，特别是大量（10^{23}量级）同类粒子组成的宏观系统的运动规律和性质，它包含平衡态和非平衡态两个部分。平衡态统计物理经过一百多年的研究和完善，迄今其概念和方法已臻成熟。非平衡态指其状态（包括结构）和性质都随时间变化，而平衡态不随时间变化。非平衡态统计物理领域涵盖气体、液体、等离子体、固体乃至生命体。其目的是研究非平衡宏观系统随时间变化的演化规律和性质，具体言之，是从大量粒子微观运动规律的概率密度统计表述出发，推导出非平衡系统的宏观性质及其随时间变化的演化方程与公式，特别是非平衡熵的性质及其随时间变化的演化方程与其熵产生率公式，它是非平衡态统计物理的核心和灵魂。非平衡态统计物理作为一个独立的活跃学科广受重视仅是近五六十年的事，其目前仍处于探究和发展阶段。平衡态统计物理可视为非平衡态统计物理的一个与时间过程无关的特殊部分。

第 2 章

非平衡态统计物理基本方程

2.1 物理学中基本方程的共同特性

理论物理每个主要分支领域都有其基本方程，如经典力学中的牛顿动力学方程、电动力学中的麦克斯韦方程、量子力学中的薛定谔方程等。这些方程都有两个共同特点：一是基本性，即它们都是各自领域内基本物理规律浓缩成的数学表述，是由实验出发经假设得来，既不能从其他基本方程推导出，也无法从理论上明确回答为何如此；二是主导性，即它们主宰整个领域，由它们出发不需要再增补任何基本假设就可推导出本领域全部有关物理定律，包括各有关次级方程和公式，可广泛阐明和计算各种课题，甚至还能提供某些预言。例如，麦克斯韦方程预言了电磁波，狄拉克方程预言了正电子等。基本方程是理论物理的灵魂、核心和框架。一个学科领域有基本方程表示它的基本理论已建成，然后就是广泛应用。

2.2 非平衡态统计热力学基本规律

物理学的基本规律由实验或客观实际经抽象和提炼而来。为寻求非平衡态统计热力学的基本规律，接下来考察几种宏观系统实例。

2.2.1 实际物理系统

覆水难收，落叶永离，桂花的香味、粪便的臭味总飘向远处。两种流体（气体或液体）放在同一容器内，总会扩散成某种均匀的混合物。

孤立系统中，冰块在摩擦时会融化；热量总从高温区流向低温区；电荷总从高电场区流向低电场区。

2.2.2 无生命的客体

桌椅等家具和汽车、飞机等运输工具总会损毁；房屋等建筑物总会倒塌；一切现存的客体，包括山川、岛屿和星球终会消失。

2.2.3 有生命的客体

各种动物，包括人类，它们经历的生存过程顺序总是出生、发育长大直至衰老死亡。

不难看出，上述所有宏观系统都处于非平衡态，其变化过程都遵守非平衡态统计热力学基本规律，都不可逆。换言之，自然界所有实际非平衡态宏观过程，即自然界所有非平衡态统计热力学过程都有时间方向性且不可逆（简称统计热力学过程的时间方向性和不可逆性），它实质上就是热力学第二定律。该定律是非平衡态统计热力学的基本规律，也是自然界宏观系统整体演化的一种基本规律。因此，它不可能从另一种基本规律——动力学规律推导出，更不应是动力学规律的近似结果。微观动力学可逆性和宏观统计热力学不可逆性不同，因为前者是微观个体粒子的运动规律，是守恒系统的运动规律；后者是大量粒子（10^{23}量级）群体的宏观系统整体的运动规律，是耗散系统的运动规律。换言之，守恒过程是可逆的，耗散过程是不可逆的。微观个体与宏观整体属于两个不同层次，运动规律的特性也不相同。可以说，不可逆性是宏观层次涌现出的新特性，但是，从可逆的微观个体层次来看，这种现象难以理解。正如生命虽是由遵守可逆的微观动力学规律的各种粒子自组织成的，但它的演化规律及其呈现的各种高级特性，却无法从微观个体粒子运动规律中直接理解。试想，若将生命体拆散成粒子，那还有什么生命可言？

2.3 刘维尔方程作基本方程的局限性

现在先给出刘维尔方程。考虑由 N 个粒子组成的经典系统，第 i 个粒子的广义坐标和广义动量分别为 q_i 和 $p_i (i = 1, 2, \cdots, N)$，它们都遵守微观动力学中的哈密顿方程，即

$$\begin{cases} \dot{q}_i = \nabla_{p_i} H \\ \dot{p}_i = -\nabla_{q_i} H \end{cases} \qquad (2.3.1)$$

其中，$\nabla_{q_i} = \partial/\partial q_i$；$\nabla_{p_i} = \partial/\partial p_i$；$H = H(X) = H(q,p) = H(q_1, q_2, \cdots, q_N; p_1, p_2, \cdots, p_N)$ 为系统的哈密顿函数，$X = (q,p)$ 为 $6N$ 维相空间的状态向量，q 和 p 为广义坐标和广义动量的向量组，$q = (q_1, q_2, \cdots, q_N)$ 和 $p = (p_1, p_2, \cdots, p_N)$。

设 $\rho(X,t) = \rho(q,p,t) = \rho(q_1, q_2, \cdots, q_N; p_1, p_2, \cdots, p_N; t)$ 为 $6N$ 维相空间的系综概率密度函数，则根据概率流守恒原理，应有

$$-\frac{\partial}{\partial t}\int \rho \, d\Gamma = \oint \rho \dot{X} \cdot dA = \int \nabla_X \cdot (\rho \dot{X}) \, d\Gamma \tag{2.3.2}$$

式（2.3.2）是利用了矢量分析中的高斯定理，将面积分转换成了体积分。

由此得

$$\frac{\partial \rho}{\partial t} = -\nabla_X \cdot (\rho \dot{X}) \tag{2.3.3}$$

其中，$\nabla_X \cdot$ 和 ∇_X 为 $6N$ 维散度和梯度。将式（2.3.3）写成

$$\frac{\partial \rho}{\partial t} = -\dot{X} \cdot (\nabla_X \rho) - \rho (\nabla_X \cdot \dot{X}) \tag{2.3.4}$$

利用式（2.3.1），则

$$\begin{cases} \dot{X} = (\dot{q}, \dot{p}) = (\nabla_p H, -\nabla_q H) \\ \nabla_X \cdot \dot{X} = (\nabla_q \nabla_p H - \nabla_p \nabla_q H) = 0 \end{cases} \tag{2.3.5}$$

$$\begin{aligned}
-\dot{X} \cdot \nabla_X \rho &= -(\dot{q} \nabla_q \rho + \dot{p} \nabla_p \rho) = [(-\nabla_p H)(\nabla_q \rho) + (\nabla_q H)(\nabla_p \rho)] \\
&= \sum_{i=1}^{N} [-(\nabla_{p_i} H)(\nabla_{q_i} \rho) + (\nabla_{q_i} H)(\nabla_{p_i} \rho)] \\
&= \{H, \rho\}
\end{aligned} \tag{2.3.6}$$

$\{A,B\} = \sum_{i=1}^{N} [(\nabla_{q_i} A)(\nabla_{p_i} B) - (\nabla_{p_i} A)(\nabla_{q_i} B)]$ 为任意两个函数 A 与 B 的泊松括号。

将式（2.3.5）和式（2.3.6）代入式（2.3.4）得

$$\frac{\partial \rho}{\partial t} = \{H, \rho\} \tag{2.3.7}$$

这就是刘维尔方程。

上述刘维尔方程为统计物理惯用，也可由 2.4 节中的多变量福克-普朗克方程式（2.4.23）给出。设式（2.4.23）中的 $D = 0$，$\nabla_x = \nabla_X$，$K(x,t) = \dot{X}$，即可得式（2.3.3），继而就可推导出刘维尔方程式（2.3.7）。

刘维尔方程是 $6N$ 维相空间哈密顿动力学方程的概率密度表述，因此二者是等价的，如 1.2 节所述，它是确定的、可逆的。长期以来，它被认为是统计物理的基本方

程，它与平衡态统计物理中的微正则、正则和巨正则三个统计系综的分布函数是协调的，可用于计算平衡态的熵。然而，当用它来推算和解释非平衡态宏观的不可逆性、熵增加定律和流体力学方程时，总要引入某种假设，而且不止一种假设，否则就不能得出正确结果。与牛顿动力学方程、麦克斯韦方程和薛定谔方程等相比，从基本性来说，它可从牛顿动力学方程推导出；从主导性来说，它只适用于平衡态统计物理，不适用于非平衡态统计物理。因此，刘维尔方程作为整个统计物理的基本方程有其局限性。为此著者认为，与其在现有可逆的刘维尔方程上修修补补，增加各种假设，使其勉强适用于非平衡态，不如从头开始，从基本物理规律着手，一开始就把假设建立在新的基本方程上。也就是说，假设一个反映非平衡态统计热力学基本规律的新方程作为非平衡态统计物理基本方程。至于这个方程是否正确，那就看非平衡态统计物理领域内的实验和理论是否能证明它具有上述的基本性和主导性。

2.4 非平衡态统计过程的随机理论

鉴于可逆的刘维尔方程不能直接用来研究不可逆的非平衡态统计物理问题，有些应用者就求助于不可逆的随机过程理论，其核心内容是描述随机运动的朗之万方程和其等价的福克－普朗克方程。此内容已较为成熟，详情可参阅有关论著。这里主要推导出本书第 5 章和第 6 章所需要的结果。

2.4.1 布朗运动和朗之万方程

布朗运动是随机过程的一个基础范例，原指颗粒物质（布朗粒子）悬浮于液体中的随机运动，对于任何客体，类似的随机运动都可称为布朗运动。朗之万首先建立了描述布朗运动规律的随机动力学方程。以一维水平方向运动为例，由于布朗粒子受液体分子随机碰撞的同时也受到液体的平均阻力，因此朗之万方程为

$$m\dot{v} = -m\gamma v + mf(t) \tag{2.4.1}$$

其中，m 为布朗粒子的质量；v 为布朗粒子的速度；$-m\gamma v$ 为液体对布朗粒子运动的平均阻力，γ 为阻力系数；$mf(t)$ 为液体分子对布朗粒子的随机碰撞力，$f(t)$ 为单位质量的随机碰撞力。

为了便于讨论，可把式（2.4.1）简化成

$$\dot{v} = -\gamma v + f(t) \tag{2.4.2}$$

对于同一布朗粒子，受到液体分子正方向碰撞和反方向碰撞的概率相等，故随机碰撞力 $f(t)$ 的时间平均值为零。对于相继两个时刻 t 和 t'，仅当时间间隔 $\Delta t = t' - t$ 极短，一种随机碰撞力 $f(t)$ 的效应尚未脱离而另一种随机碰撞力 $f(t')$ 又产生时，两者之间才有关联效应。于是有

$$\begin{cases} <f(t)> = 0 \\ <f(t)f(t')> = 2D_v\delta(t-t') \end{cases} \tag{2.4.3}$$

其中，第二式表示随机碰撞力的时间关联函数为 δ 函数，D_v 为涨落强度。由于不同时刻的随机力彼此无关联，其傅里叶谱是常数，与频率无关，故这种随机力是白噪声的。式 (2.4.2) 描述的随机过程为无记忆的马尔可夫过程，是最简单的线性朗之万方程。

2.4.2 非线性朗之万方程

将式 (2.4.2) 推广到外力作用时的布朗运动，则式 (2.4.2) 变为

$$\ddot{x} + \gamma \dot{x} = K(x) + f(t) \tag{2.4.4}$$

其中，$K(x)$ 为单位质量布朗粒子所受的外力。在过阻尼情况下，式 (2.4.4) 的惯性项 $\ddot{x}$ 可略去，通过选择单位，使 $\gamma = 1$，则式 (2.4.4) 变为

$$\dot{x} = K(x) + f(t) \tag{2.4.5}$$

若 $K(x)$ 为 x 的非线性函数，则式 (2.4.5) 为非线性朗之万方程。

2.4.3 广义朗之万方程

在式 (2.4.2) 和式 (2.4.5) 中，随机力与随机变量无关，这样的噪声称为加性噪声。当随机力的强度与随机变量有关时，这样的噪声称为乘性噪声，则有

$$\dot{x} = K(x) + g(x)f(t) \tag{2.4.6}$$

其中，$g(x)$ 为噪声强度因子。由于式 (2.4.6) 的形式适用于任何随机运动，可看作式 (2.4.5) 的推广，故称为广义朗之万方程。

式 (2.4.5) 和式 (2.4.6) 中的随机力 $f(t)$ 都遵守式 (2.4.3)。这里需要指出，式 (2.4.2)、式 (2.4.5) 和式 (2.4.6) 都可由一维推广至二维和三维。

2.4.4 第二涨落耗散定理

由朗之万方程可以导出第二涨落耗散定理，分别有无记忆与有记忆两种过程。

1. 无记忆过程

无记忆过程指随机过程遵守式 (2.4.3) 中的第二式。将式 (2.4.2) 当成普通的

一阶微分方程，即可求出速度的解为

$$v(t) = v_0 e^{-\gamma t} + e^{-\gamma t} \int_0^t e^{\gamma \tau} f(\tau) d\tau \tag{2.4.7}$$

利用式 (2.4.3) 中第二式得速度的关联函数为

$$<v(t)v(t')> = v_0^2 e^{-\gamma(t+t')} + \frac{D_v}{\gamma}[e^{-\gamma(t-t')} - e^{-\gamma(t+t')}] \tag{2.4.8}$$

当时间 $t+t'$ 足够长使得 $\gamma(t+t')$ 远大于 1 时，式 (2.4.8) 变为

$$<v(t)v(t')> = \frac{D_v}{\gamma} e^{-\gamma(t-t')} \tag{2.4.9}$$

由此得

$$<v(t)^2> = \frac{D_v}{\gamma} \tag{2.4.10}$$

将能量均分定理 $m<v^2> = kT$ 代入式 (2.4.10)，即得无记忆过程的第二涨落耗散定理为

$$D_v = \frac{kT\gamma}{m} \tag{2.4.11}$$

2. 有记忆过程

所谓有记忆过程，是指此随机过程有记忆效应，不遵守式 (2.4.3) 中的第二式。

将式 (2.4.2) 改写为

$$\dot{v}(t) = -\int_0^t \gamma(t-t') v(t') dt' + f(t) \tag{2.4.12}$$

其中，$\gamma(t-t')$ 是 t 的函数；$\int_0^t \gamma(t-t') v(t') dt'$ 表示记忆效应。若 $\gamma(t-t') = \gamma \delta(t-t')$，则方程 (2.4.12) 可还原为式 (2.4.2)。

引入记忆阻力函数 $\gamma(t)$ 的傅里叶变换

$$\text{Re}[\gamma(\omega)] = \frac{1}{2} \int_{-\infty}^{\infty} \gamma(t) e^{-i\omega t} dt = \int_0^{\infty} \gamma(t) e^{-i\omega t} dt \tag{2.4.13}$$

当 $\gamma(t) = \gamma \delta(t)$ 时

$$\text{Re}[\gamma(\omega)] = \gamma \int_{-\infty}^{\infty} \delta(t) e^{-i\omega t} dt = \gamma \tag{2.4.14}$$

可见，无记忆过程的 γ 在有记忆过程中应为 $\text{Re}[\gamma(\omega)]$。于是在有记忆过程中，式 (2.4.11) 为

$$D_v = \frac{kT \text{Re}[\gamma(\omega)]}{m} \tag{2.4.15}$$

再考虑到式（2.4.3）第二式，得出

$$\int_0^\infty <f(0)f(t)> \mathrm{d}t = \frac{1}{2}\int_{-\infty}^\infty <f(0)f(t)> \mathrm{d}t = D_v \tag{2.4.16}$$

结合此结果，从式（2.4.15）可反推出

$$<f(0)f(t)> = \frac{kT}{m}\gamma(t) \tag{2.4.17}$$

这就意味着无记忆过程中式（2.4.3）的第二式在有记忆过程应变为式（2.4.17）。

对式（2.4.17）两边乘 $\mathrm{e}^{-\mathrm{i}\omega t}$ 并积分得

$$\int_0^\infty <f(0)f(t)> \mathrm{e}^{-\mathrm{i}\omega t}\mathrm{d}t = \frac{kT}{m}\int_0^\infty \gamma(t)\mathrm{e}^{-\mathrm{i}\omega t}\mathrm{d}t = \frac{kT}{2m}\int_{-\infty}^\infty \gamma(t)\mathrm{e}^{-\mathrm{i}\omega t}\mathrm{d}t = \frac{kT\mathrm{Re}[\gamma(\omega)]}{m}$$

即

$$\int_0^\infty <f(0)f(t)> \mathrm{e}^{-\mathrm{i}\omega t}\mathrm{d}t = \frac{kT\mathrm{Re}[\gamma(\omega)]}{m} \tag{2.4.18}$$

这就是有记忆过程的第二涨落耗散定理。

综观式（2.4.11）和式（2.4.18），可见第二涨落耗散定理是联系随机力关联函数（涨落）与阻力系数（耗散）间相关函数的公式。

2.4.5　福克－普朗克方程

朗之万方程是随机变量随时间变化的方程。本节将介绍随机变量的概率密度随时间变化的方程。前人已证明，在遵守白噪声条件下，广义朗之万方程式（2.4.6）与下述概率密度随时间变化的方程等价，即

$$\frac{\partial P(x,t)}{\partial t} = -\nabla_x[K(x,t) + Dg(x,t)\nabla_x g(x,t)]P(x,t) + D\nabla_x^2[g^2(x,t)P(x,t)] \tag{2.4.19}$$

其中，$\nabla_x = \partial/\partial x$；$\nabla_x^2 = \partial^2/\partial_x^2$。

这就是普遍情况下的福克－普朗克方程，其中 $P(x,t)$ 为概率密度函数，满足归一化条件 $\int P(x,t)\mathrm{d}x = 1$。

当 $g(x,t) = 1$ 时，式（2.4.19）就变为

$$\frac{\partial P(x,t)}{\partial t} = -\nabla_x[K(x,t)P(x,t)] + D\nabla_x^2 P(x,t) \tag{2.4.20}$$

这就是通常简化的福克－普朗克方程，它与非线性朗之万方程式（2.4.5）等价。

当 $K(x,t) = -\gamma x$ 时，式（2.4.20）转为与朗之万方程式（2.4.2）等价的福克－

普朗克方程。

为运算方便，可将式 (2.4.19) 写成

$$\frac{\partial P(x,t)}{\partial t} = -\nabla_x A(x,t)P(x,t) + \nabla_x^2[B(x,t)P(x,t)] \tag{2.4.21}$$

其中

$$\begin{cases} A(x,t) = K(x,t) + Dg(x,t)\nabla_x g(x,t) \\ B(x,t) = Dg^2(x,t) \end{cases} \tag{2.4.22}$$

需要指出，式 (2.4.19) 和式 (2.4.21) 中的 $K(x,t)$ 和 $g(x,t)$ 通常仅随 x 变化，与 t 无关。式 (2.4.19) 和式 (2.4.21) 都可由一维推广至二维和三维。

式 (2.4.20) 的多变量 $x = (x_1, x_2, \cdots, x_n)$，福克-普朗克方程为

$$\frac{\partial P(x,t)}{\partial t} = -\nabla_x \cdot [K(x,t)P(x,t)] + D\nabla_x^2 P(x,t) \tag{2.4.23}$$

这里需要指出，在有些著作中，将福克-普朗克方程中的随机变量 x 称为态变量，本书也以此命名。

福克-普朗克方程是一个不可逆的演化方程，它的物理意义表明，态变量概率密度随时间的变化率是由其在态变量空间的漂移和扩散引起的。它虽然起始于点模型的布朗运动，但在非点客体的非平衡态统计理论中却起着核心作用。该方程可广泛用于物理学、材料科学、固体力学、信息科学乃至生命科学等。在物理学中，态变量为坐标和速度等；在晶粒长大计算中，态变量为晶粒半径；在固体断裂和疲劳计算中，态变量为微裂纹长度。可见对于各不同学科的课题，在应用福克-普朗克方程时，关键是要选对合适的态变量。在动态信息理论中，原为态变量演化方程的福克-普朗克方程，起着信息符号演化方程的作用，是构成动态信息演化方程的两个组成因素之一。

2.5 新的基本方程：刘维尔扩散方程

非平衡态统计热力学基本规律是指自然界所有非平衡态统计热力学过程都是不可逆的。确切地说，在微观动力学基础上的自然界所有非平衡态统计物理过程都是不可逆的。这里强调的"在微观动力学基础上"实际包含两方面含义：一是非平衡态统计物理过程的不可逆性有别于上述随机过程理论的不可逆性，它有微观动力学基础；二是除确定性的可逆的微观动力学外，在微观基础上还含有导致宏观不可逆性的随机性因素。这就是说，这种基本规律既包含微观动力学又具有导致宏观不可逆性的随机因

素。尽管如此，要假设一个反映这种基本规律的新方程作为基本方程，其难度之大仍可想而知。著者曾耗时数年反复探索如何找到这个基本方程，最终得到，假设统计热力学系统内粒子的运动规律遵守下述 $6N$ 维相空间的随机速度型朗之万方程

$$\begin{cases} \dot{\boldsymbol{q}}_i = \nabla_{p_i} H + \boldsymbol{\eta}_i(\boldsymbol{q}_i, t) \\ \dot{\boldsymbol{p}}_i = -\nabla_{q_i} H \end{cases} \tag{2.5.1}$$

其中

$$\begin{cases} <\boldsymbol{\eta}_i(\boldsymbol{q}_i, t)> = 0 \\ <\boldsymbol{\eta}_i(\boldsymbol{q}_i, t)\boldsymbol{\eta}_j(\boldsymbol{q}_j, t')> = 2\boldsymbol{D}_{q_i q_j}(\boldsymbol{q}_i \boldsymbol{q}_j)\delta(t - t') \end{cases} \tag{2.5.2}$$

$H = H(X)$，$X = (\boldsymbol{q}, \boldsymbol{p})$ 及 $\boldsymbol{q} = (\boldsymbol{q}_1, \boldsymbol{q}_2, \cdots, \boldsymbol{q}_N)$ 和 $\boldsymbol{p} = (\boldsymbol{p}_1, \boldsymbol{p}_2, \cdots, \boldsymbol{p}_N)$ 的物理意义与 2.3 节刘维尔方程中的相同。$\boldsymbol{D} = \{\boldsymbol{D}_{q_i q_j}(\boldsymbol{q}_i \boldsymbol{q}_j)\}$ （$i = 1, 2, \cdots, N; j = 1, 2, \cdots, N$）为 $6N$ 维相空间坐标子空间的扩散矩阵，其矩阵元素 $\boldsymbol{D}_{q_i q_j}(\boldsymbol{q}_i \boldsymbol{q}_j)$ 共有 $(3N)^2 = 9N^2$ 个，它既包含自关联，也包含互关联。在固体中，特别是在金属中，原则上讲，任何两个粒子间都存在关联相互作用，式（2.5.2）中的矩阵元素反映了固体的这种相互作用。当固体为金属、共价晶体、离子晶体及各种合金等时，$\boldsymbol{D}_{q_i q_j}(\boldsymbol{q}_i \boldsymbol{q}_j)$ 也有存在差异。液体中每个粒子仅与其近邻其他几个粒子存在关联相互作用。

鉴于宏观系统内粒子数极多（10^{23} 量级个），若忽略容器的边界效应，可假设系统内每个粒子在三维坐标空间的位置相等，即它们的自关联和互关联相互作用相等，这样，矩阵元素就简化为仅有三维坐标空间不同的 9 个，即 $\boldsymbol{D} = \{\boldsymbol{D}_{qq}(\boldsymbol{q}_i \boldsymbol{q}_j)\}$，其中矩阵元素下角标 qq，一是表示每个粒子的空间坐标位置相等，二是表示两者是并矢，有 9 个分量，即有 9 个矩阵元素。

式（2.5.2）的关联相互作用是描述固体和液体的；对于气体，关联相互作用为

$$\begin{cases} <\boldsymbol{\eta}_i(\boldsymbol{q}_i, t)> = 0 \\ <\boldsymbol{\eta}_i(\boldsymbol{q}_i, t)\boldsymbol{\eta}_j(\boldsymbol{q}_j, t')> = 2\boldsymbol{D}_{q_i q_i}(\boldsymbol{q}_i)\delta_{q_i q_j}\delta(t - t') \end{cases} \tag{2.5.3}$$

$\boldsymbol{D} = \{\boldsymbol{D}_{q_i q_j}\} = \{\boldsymbol{D}_{q_i q_i}(\boldsymbol{q}_i)\delta_{q_i q_j}\} = \{\boldsymbol{D}(\boldsymbol{q}_i)\delta_{q_i q_j}\}$ 为相空间坐标子空间的扩散矩阵，$\boldsymbol{D}_{q_i q_i}$ 是三维坐标空间的扩散矩阵，其矩阵元素 $\boldsymbol{D}_{q_i q_j} = \boldsymbol{D}_{q_i q_i}$ 有 6 个，且为常数。$\boldsymbol{D}_{q_i q_j} = \boldsymbol{D}_{q_i q_i}\delta_{ij}$ 是由于两个不同粒子的随机速度的互关联远小于同一个粒子的随机速度的自关联，因而可以略去，$\boldsymbol{D}_{q_i q_i}(\boldsymbol{q}_i)$ 是根据粒子全同性原理，不同粒子在各处的自扩散矩阵可看作与同一粒子在各不同处的自扩散矩阵相等，因而 $6N$ 个矩阵元素可由 6 个随机坐标 $\boldsymbol{q}_i$ 变化的矩阵元素表示。对于各向同性气体，仅有一个常数 D，即通常的扩散系数。这个扩散系数

正是第 4 章中流体扩散方程式（4.2.4）的扩散系数，它的微观表达式为式（4.2.10）。式（2.5.1）表明，在非平衡态统计物理系统内，尽管作用于单个粒子的力是确定性的，但粒子的广义速度却不再是确定性的，而需额外增加一个随机项 $\boldsymbol{\eta}_i(\boldsymbol{q}_i,t)$。换言之，描述宏观非平衡态统计物理系统内粒子微观运动规律的方程是由哈密顿方程和随机性速度二者叠加而成的，包含可逆的确定性和不可逆的随机性两方面，因而有别于微观动力学中可逆的确定性哈密顿方程。特别把式（2.5.1）称为随机速度型朗之万方程，是因为它与物理学中通常的表达式不同，朗之万方程中的随机项不是随机力，而是随机速度。下面将会看到，若式（2.5.1）不是随机速度型朗之万方程，而是通常的随机力型朗之万方程，即式（2.5.1）中的随机速度由随机力取代，则刘维尔扩散方程式（2.5.6）和式（2.5.7）右边中的算符 ∇_q^2 应由 ∇_p^2 取代。结果，第一部分所有方程和公式，特别是式（6.2.7）、式（6.2.18）、式（6.2.23）、式（7.0.6）、式（7.0.9）和式（4.2.2）、式（4.3.1）、式（4.4.16）等右边有扩散系数 D 的项中的算符 ∇_q 和 ∇_q^2 都应由 ∇_p 和 ∇_p^2 取代。这就意味着熵产生、熵扩散、质量扩散、热导和黏滞力等都将发生于动量空间，而不是坐标空间。显然，这与实验不符。

正如刘维尔方程等价于 $6N$ 维相空间的哈密顿方程，根据福克-普朗克方程与朗之万方程等价的普遍规律，容易证明，与随机速度型朗之万方程式（2.5.1）等价的 $6N$ 维相空间的概率密度演化方程为

$$\begin{aligned}\frac{\partial\rho}{\partial t}&=-\nabla_x\cdot\left\{\left[\dot{\boldsymbol{X}}+\frac{1}{2}(\nabla_q\cdot D)\right]\rho\right\}+\nabla_q\nabla_q:(D\rho)\\&=-\nabla_x\cdot(\dot{\boldsymbol{X}}\rho)-\frac{1}{2}\nabla_q\cdot[(\nabla_q\cdot D)\rho]+\nabla_q\nabla_q:(D\rho)\\&=-\dot{\boldsymbol{X}}\cdot\nabla_x\rho-\frac{1}{2}\nabla_q\cdot[(\nabla_q\cdot D)\rho]+\nabla_q\nabla_q:(D\rho)\end{aligned} \quad (2.5.4)$$

其中

$$\begin{cases}\dot{\boldsymbol{X}}=(\nabla_p H,-\nabla_q H)\\-\nabla_x\cdot(\dot{\boldsymbol{X}}\rho)=-\dot{\boldsymbol{X}}\cdot\nabla_x\rho=[H,\rho]\end{cases} \quad (2.5.5)$$

将式（2.5.5）代入式（2.5.4），得

$$\frac{\partial\rho}{\partial t}=[H,\rho]-\frac{1}{2}\nabla_q\cdot[(\nabla_q\cdot D)\rho]+\nabla_q\nabla_q:(D\rho) \quad (2.5.6)$$

当 D 为常数，$\nabla_q\cdot D=0$ 时，则式（2.5.6）变为

$$\frac{\partial\rho}{\partial t}=[H,\rho]+D\nabla_q^2\rho \quad (2.5.7)$$

其中，D 的微观表达式为式（4.2.9）。如前所述，$\rho=\rho(X,t)=\rho(q,p,t)=\rho(q_1,q_2,\cdots,q_N;p_1,p_2,\cdots,p_N;t)$ 为 $6N$ 维相空间的系综概率密度，满足归一化条件

$$\int \rho(X,t)\mathrm{d}\Gamma = 1 \tag{2.5.8}$$

式（2.5.6）和式（2.5.7）可称为刘维尔扩散方程。前者适用于固体和液体，后者适用于各向同性气体（第 4 章包括液体的流体力学方程也可用此方程）。假定该方程为非平衡态统计物理基本方程，与刘维尔方程相比，这个方程在坐标子空间多了一个随机扩散项，它表示在非平衡态统计物理系统内，粒子在相空间不仅有漂移运动，还在其坐标子空间同时有随机扩散运动，因而微观上是时间反演不对称的，反映了统计热力学过程的不可逆性。漂移运动是可逆动力学特性的反映；随机扩散运动则是宏观时间方向性的微观起源，即非平衡态统计热力学不可逆性是粒子微观随机性的宏观表现。粒子运动的漂移扩散二重性表明：非平衡态统计热力学运动规律既受动力学规律制约，同时又具有随机过程特性。动力学和随机性，两者都是基本的，彼此同时存在且不可能相互归化。

应该强调指出，将随机性速度引入非平衡态统计物理基本规律，提出把 $6N$ 维相空间的刘维尔扩散方程式（2.5.6）和式（2.5.7）作为统计物理基本方程，仅是一个基本的假设。而正是这一假设，使它既克服了刘维尔方程的局限性，又避免了从通常随机性的福克－普朗克方程出发无法直接导出动力学方程和流体力学方程的缺点。根据刘维尔扩散方程，不仅导出了动力学方程、流体力学方程和近平衡态三定理，进而还首次得到了 $6N$ 维、6 维和 3 维非平衡熵演化方程，预言了熵扩散的存在，得出了熵增加定律公式，阐明了趋向平衡的熵扩散机理，统一了热力学退化和自组织进化。迄今为止，尚未见本领域任何其他理论仅从一个基本方程出发就能统一得到这么多重要结果。至于使用白噪声，主要是为了简化计算。

此外，从数学角度看，刘维尔扩散方程式（2.5.6）和式（2.5.7）实际是 $6N$ 维相空间的一种非齐次的福克－普朗克方程，而当粒子的相互作用和外力可略去时，式（2.5.7）则可变成三维空间的斯莫卢霍夫斯基型的福克－普朗克方程，这是第 7 章非平衡态熵产生率公式中各例题的一个理论基础。

还需指出，统计热力学系统内粒子的运动规律遵守随机速度型朗之万方程式（2.5.1），这并不否定通常布朗粒子的运动规律遵守随机力型朗之万方程，因为这两者的物理意义并不相同。

为肯定方程式（2.5.1）的现实意义，以醉汉实际行走模型为例进行说明。一个醉

汉沿城市街道行走，他从一个路口进入某条路走一段路程，到另一个路口再进入另一条路走另一段路程，如此不断重复。因为每个路口都有多条路可进入，醉汉进入某条路的速度是随机性的；但一旦进入了某条路，醉汉在这条路中的速度就是确定的。这样，醉汉实际行走模型揭示了醉汉的空间运动形式是由确定性速度和随机性速度二者叠加而成。式（2.5.1）描写的正是这种运动形式。当式（2.5.1）中的确定性速度为零时，它就变成典型的随机行走模型的表达式。这里的速度随机性来自由同一路口可能进入多条路，使醉汉的速度在行走过程中可于某点（路口）突发随机性变化。统计热力学系统内的粒子为何出现随机性速度？这肯定与系统内的粒子数高达 10^{23} 量级有关。至于微观机理，目前尚不完全清楚。实际上，一个玻璃杯跌碎成很多块，一个重原子核变成两个等现象，都存在随机性。人们还不知道这些随机性的各自起因，更不知道它们是否有共同的更本质的起因。然而可以肯定的是，所有上述统计热力学过程、醉汉实际行走过程、玻璃杯跌碎过程和原子核裂变过程的不可逆性都是由随机性引起的。随机性是所有这些过程的不可逆性的共同起源。反之，所有实际不可逆过程，都含有随机性。

第 3 章
BBGKY 扩散方程链与动力学方程

3.1 BBGKY 扩散方程链

刘维尔扩散方程中 N 个粒子的概率密度所包含的信息远远超过人们的需要，实验上测量的宏观量大多数可用单粒子或双粒子的相应函数表示。为求得单粒子函数的平均值，只需要知道单粒子的概率密度；同样，为求得双粒子相应函数的平均值，只需要知道双粒子的概率密度。本节介绍从 N 个粒子的概率密度演化方程，即刘维尔扩散方程，导出 S 个粒子的概率密度演化方程链（$S = N, N-1, \cdots, 2, 1$）。

首先，定义 S 个粒子的约化概率密度为

$$f_S(\boldsymbol{x}_1, \boldsymbol{x}_2, \cdots, \boldsymbol{x}_S; t) = \int \rho(\boldsymbol{X}, t) \mathrm{d}\boldsymbol{x}_{S+1} \mathrm{d}\boldsymbol{x}_{S+2} \cdots \mathrm{d}\boldsymbol{x}_N \tag{3.1.1}$$

$$\int f_S(\boldsymbol{x}_1, \boldsymbol{x}_2, \cdots, \boldsymbol{x}_S; t) \mathrm{d}\boldsymbol{x}_1 \mathrm{d}\boldsymbol{x}_2 \cdots \mathrm{d}\boldsymbol{x}_S = 1 \tag{3.1.2}$$

其中，$\boldsymbol{x}_i = (\boldsymbol{q}_i, \boldsymbol{p}_i)$，$\boldsymbol{q}_i$ 和 $\boldsymbol{p}_i$ 为粒子 i 的广义坐标和动量。

利用式（3.1.1）定义的约化概率密度，N 个粒子的概率密度可写为

$$\rho(\boldsymbol{X}, t) = \rho(\boldsymbol{x}_1, \boldsymbol{x}_2, \cdots, \boldsymbol{x}_N; t) = f_N(\boldsymbol{x}_1, \boldsymbol{x}_2, \cdots, \boldsymbol{x}_N; t) \tag{3.1.3}$$

$$\int D \nabla_q^2 \rho(\boldsymbol{X}, t) \mathrm{d}\boldsymbol{x}_{S+1} \mathrm{d}\boldsymbol{x}_{S+2} \cdots \mathrm{d}\boldsymbol{x}_N$$

$$= D \int \nabla_q^2 f_N(\boldsymbol{x}_1, \boldsymbol{x}_2, \cdots, \boldsymbol{x}_N; t) \mathrm{d}\boldsymbol{x}_{S+1} \cdots \mathrm{d}\boldsymbol{x}_N \tag{3.1.4}$$

$$= D \sum_{i=1}^{S} \nabla_{q_i}^2 f_S(\boldsymbol{x}_1, \boldsymbol{x}_2, \cdots, \boldsymbol{x}_S; t)$$

根据式（3.1.3），刘维尔扩散方程式（2.5.6）可写为

$$\frac{\partial f_N}{\partial t} = [H_N, f_N] + D \nabla_q^2 f_N \tag{3.1.5}$$

其中，H_N 为 N 个粒子系统的哈密顿函数。根据式 (3.1.1) 和式 (3.1.3)，有

$$\frac{\partial f_S}{\partial t} = \frac{\partial}{\partial t} \int f_N(\boldsymbol{x}_1, \boldsymbol{x}_2, \cdots, \boldsymbol{x}_N; t) \mathrm{d}\boldsymbol{x}_{S+1} \cdots \mathrm{d}\boldsymbol{x}_N$$

$$= \int \frac{\partial}{\partial t} f_N(\boldsymbol{x}_1, \boldsymbol{x}_2, \cdots, \boldsymbol{x}_N; t) \mathrm{d}\boldsymbol{x}_{S+1} \cdots \mathrm{d}\boldsymbol{x}_N$$

$$= \int \{[H_N, f_N] + D \nabla_q^2 f_N\} \mathrm{d}\boldsymbol{x}_{S+1} \cdots \mathrm{d}\boldsymbol{x}_N \tag{3.1.6}$$

式 (3.1.6) 最后一个等式利用了式 (3.1.5)。

设 $V_{ik} = V_{q_i q_k} = V_{ik}(\boldsymbol{q}_i, \boldsymbol{q}_k)$ 为两个粒子间的相互作用位能，其中 $\boldsymbol{q}_i$ 和 $\boldsymbol{q}_k$ 分别为第 i 个和第 k 个粒子的空间坐标，$\Phi(\boldsymbol{q}_i)$ 为第 i 个粒子受外场的作用位能，m 为单个粒子的质量，则 N 个粒子系统的哈密顿函数为

$$H_N = \sum_{i=1}^{N} \left[\frac{\boldsymbol{p}_i^2}{2m} + \Phi(\boldsymbol{q}_i)\right] + \sum_{1 \leqslant i < k \leqslant N} V_{ik}(\boldsymbol{q}_i, \boldsymbol{q}_k) \tag{3.1.7}$$

将式 (3.1.7) 代入式 (3.1.6)，得到

$$\frac{\partial f_S}{\partial t} = \int \left[\left[\sum_{i=1}^{N} \frac{\boldsymbol{p}_i^2}{2m} + \Phi(\boldsymbol{q}_i)\right], f_N\right] \mathrm{d}\boldsymbol{x}_{S+1} \cdots \mathrm{d}\boldsymbol{x}_N +$$

$$\int \left[\sum_{1 \leqslant i < k \leqslant N} V_{ik}, f_N\right] \mathrm{d}\boldsymbol{x}_{S+1} \cdots \mathrm{d}\boldsymbol{x}_N + D \int \nabla_q^2 f_N \mathrm{d}\boldsymbol{x}_{S+1} \cdots \mathrm{d}\boldsymbol{x}_N \tag{3.1.8}$$

式 (3.1.8) 右边的三个积分每个都是 N 项相加。

为使之简化，先考虑式 (3.1.8) 右边第一个积分中 $i > S$ 项中的每一项，利用泊松括号运算规则式 (2.3.6)，得

$$\int \left[\left[\sum_{i=1}^{N} \frac{\boldsymbol{p}_i^2}{2m} + \Phi(\boldsymbol{q}_i)\right], f_N\right] \mathrm{d}\boldsymbol{x}_N$$

$$= \int \left[\left[\sum_{i=1}^{N} \frac{\boldsymbol{p}_i^2}{2m} + \Phi(\boldsymbol{q}_i)\right], f_N\right] \mathrm{d}\boldsymbol{q}_i \mathrm{d}\boldsymbol{p}_i$$

$$= \int [(\nabla_{q_i} \Phi) \cdot (\nabla_{p_i} f_N) - (\boldsymbol{p}_i/m) \cdot \nabla_{q_i} f_N] \mathrm{d}\boldsymbol{q}_i \mathrm{d}\boldsymbol{p}_i$$

$$= \int (\nabla_{q_i} \Phi) f_N \big|_{p_i = -\infty}^{p_i = +\infty} \mathrm{d}\boldsymbol{q}_i - \int (\boldsymbol{p}_i/m) f_N \big|_{q_i = -\infty}^{q_i = +\infty} \mathrm{d}\boldsymbol{p}_i = 0 \tag{3.1.9}$$

式 (3.1.9) 最后一个等式是因满足归一化的 f_N 在无限远处必须等于零。

同样，对于式 (3.1.8) 右边第二个积分中 $i > S$ 的项，应有

$$\int [V_{ik}, f_N] \mathrm{d}\boldsymbol{x}_i \mathrm{d}\boldsymbol{x}_k = 0 \tag{3.1.10}$$

将式 (3.1.9) 和式 (3.1.10) 代入式 (3.1.8)，得

$$\frac{\partial f_S}{\partial k} = \int \Big[\sum_{i=1}^{S} \Big[\frac{\boldsymbol{p}_i^2}{2m} + \Phi(\boldsymbol{q}_i), f_N \Big] \Big] \mathrm{d}\boldsymbol{x}_{S+1} \cdots \mathrm{d}\boldsymbol{x}_N +$$

$$\int \Big[\sum_{1 \leqslant i < k \leqslant S} [V_{ik}, f_N] \Big] \mathrm{d}\boldsymbol{x}_{S+1} \cdots \mathrm{d}\boldsymbol{x}_N +$$

$$\int \Big[\sum_{i=1}^{S} \sum_{k=S+1}^{N} (\boldsymbol{\nabla}_{\boldsymbol{q}_i} V_{ik}) \cdot (\boldsymbol{\nabla}_{\boldsymbol{p}_i} f_N) \Big] \mathrm{d}\boldsymbol{x}_{S+1} \cdots \mathrm{d}\boldsymbol{x}_N +$$

$$D \int \boldsymbol{\nabla}_{\boldsymbol{q}}^2 f_N \mathrm{d}\boldsymbol{x}_{S+1} \cdots \mathrm{d}\boldsymbol{x}_N \tag{3.1.11}$$

根据式 (3.1.7)，S 个粒子的哈密顿函数为

$$H_S = \sum_{i=1}^{S} \Big[\frac{\boldsymbol{p}_i^2}{2m} + \Phi(\boldsymbol{q}_i) \Big] + \sum_{1 \leqslant i < k \leqslant S} V_{ik}(\boldsymbol{q}_i, \boldsymbol{q}_k) \tag{3.1.12}$$

将式 (3.1.12) 代入式 (3.1.11)，则它右边的第一个和第二个积分可写成

$$\int \Big\{ \Big[\sum_{i=1}^{S} \Big[\frac{\boldsymbol{p}_i^2}{2m} + \Phi(\boldsymbol{q}_i) \Big], f_N \Big] + \Big[\sum_{1 \leqslant i < k \leqslant S} V_{ik}(\boldsymbol{q}_i, \boldsymbol{q}_k), f_N \Big] \Big\} \mathrm{d}\boldsymbol{x}_{S+1} \cdots \mathrm{d}\boldsymbol{x}_N$$

$$= \int [[H_S, f_N]] \mathrm{d}\boldsymbol{x}_{S+1} \cdots \mathrm{d}\boldsymbol{x}_N = [H_S, f_S] \tag{3.1.13}$$

得出式 (3.1.13) 最后一个等式，采用了式 (3.1.1) 和式 (3.1.3)。

根据例子系统的全同性，f_N 对于 $\boldsymbol{x}_i$ 的交换具有对称不变性，因而式 (3.1.11) 右边第三个积分项

$$\int \Big[\sum_{i=1}^{S} \sum_{k=S+1}^{N} (\boldsymbol{\nabla}_{\boldsymbol{q}_i} V_{ik}) \cdot (\boldsymbol{\nabla}_{\boldsymbol{p}_i} f_N) \Big] \mathrm{d}\boldsymbol{x}_{S+1} \cdots \mathrm{d}\boldsymbol{x}_N$$

$$= (N - S) \int \sum_{i=1}^{S} (\boldsymbol{\nabla}_{\boldsymbol{q}_i} V_{i,S+1}) \cdot (\boldsymbol{\nabla}_{\boldsymbol{p}_i} f_N) \mathrm{d}\boldsymbol{x}_{S+1} \cdots \mathrm{d}\boldsymbol{x}_N \tag{3.1.14}$$

$$= (N - S) \int \sum_{i=1}^{S} (\boldsymbol{\nabla}_{\boldsymbol{q}_i} V_{i,S+1}) \cdot (\boldsymbol{\nabla}_{\boldsymbol{p}_i} f_{S+1}) \mathrm{d}\boldsymbol{x}_{S+1}$$

将式 (3.1.13)、式 (3.1.14) 和式 (3.1.4) 代入式 (3.1.11)，即得 S 个粒子的概率密度演化方程

$$\frac{\partial f_S}{\partial k} = [H_S, f_S] + (N - S) \int \sum_{i=1}^{S} (\boldsymbol{\nabla}_{\boldsymbol{q}_i} V_{i,S+1}) \cdot (\boldsymbol{\nabla}_{\boldsymbol{p}_i} f_{S+1}) \mathrm{d}\boldsymbol{x}_{S+1} +$$

$$D \sum_{i=1}^{S} \boldsymbol{\nabla}_{\boldsymbol{q}_i}^2 f_S \quad (S = 1, 2, \cdots, N - 1) \tag{3.1.15}$$

其中，$f_S = f_S(\boldsymbol{x}_1, \boldsymbol{x}_2, \cdots, \boldsymbol{x}_S, t)$。式 (3.1.5) 也可写成

$$\frac{\partial f_S}{\partial t} + H_S f_S = (N-S) \int \sum_{i=1}^{S} (\nabla_{q_i} V_{i,S+1}) \cdot (\nabla_{p_i} f_{S+1}) \mathrm{d}\boldsymbol{x}_{S+1} +$$

$$D \sum_{i=1}^{S} \nabla_{q_i}^2 f_S \quad (S = 1, 2, \cdots, N-1) \tag{3.1.16}$$

其中

$$H_S = -\sum_{i=1}^{S} \left\{ \left[-\boldsymbol{F}_i + \sum_{k=1}^{S} (\nabla_{q_i} V_{ik}) \right] \cdot \nabla_{p_i} - \left(\frac{\boldsymbol{p}_i}{m} \right) \nabla_{q_i} \right\} \tag{3.1.17}$$

其中,$\boldsymbol{F}_i = -\nabla_{q_i} \Phi(\boldsymbol{q}_i)$ 为作用于第 i 个粒子的外力。

式(3.1.15)或式(3.1.16)是一组方程链,而且不封闭。方程 f_S 中包含着 f_{S+1}。当 $D=0$ 时,式(3.1.15)或式(3.1.16)就还原为已知的 BBGKY 方程链,它们由刘维尔方程导出,因此完全等价于刘维尔方程,且是时间反演对称的。当 $D>0$ 时,式(3.1.15)或式(3.1.16)中出现扩散项(方程右侧最后一项),称为 BBGKY 扩散方程链,由刘维尔扩散方程导出,因此完全等价于刘维尔扩散方程,且是时间反演不对称的,即不可逆的。

在式(3.1.16)或式(3.1.15)中,最有用的是单粒子和双粒子的概率密度 $f(\boldsymbol{x}, t) = f(\boldsymbol{q}, \boldsymbol{p}, t)$ 和 $f_2(\boldsymbol{x}, \boldsymbol{x}_1, t) = f_2(\boldsymbol{q}, \boldsymbol{p}, \boldsymbol{q}_1, \boldsymbol{p}_1, t)$,其演化方程为

$$\left[\frac{\partial}{\partial t} + \frac{\boldsymbol{p}}{m} \cdot \nabla_q + \boldsymbol{F} \cdot \nabla_p \right] f(\boldsymbol{x}, t) = N \int (\nabla_q V_{qq_1}) \cdot (\nabla_p f_2(\boldsymbol{x}, \boldsymbol{x}_1, t)) \mathrm{d}\boldsymbol{x}_1 + D \nabla_q^2 f(\boldsymbol{x}, t) \tag{3.1.18}$$

$$\left[\frac{\partial}{\partial t} + \frac{\boldsymbol{p}}{m} \cdot \nabla_q + \frac{\boldsymbol{p}_1}{m} \cdot \nabla_{q_1} + (\boldsymbol{F} - \nabla_q V_{qq_1}) \cdot \nabla_p + (\boldsymbol{F}_1 - \nabla_{q_1} V_{q_1 q}) \cdot \nabla_{p_1} \right] f_2(\boldsymbol{x}, \boldsymbol{x}_1, t)$$

$$= N \int \left[(\nabla_q V_{qq_1}) \cdot \nabla_p + (\nabla_{q_1} V_{q_1 q}) \cdot \nabla_{p_1} \right] f_3(\boldsymbol{x}, \boldsymbol{x}_1, \boldsymbol{x}_2, t) \mathrm{d}\boldsymbol{x}_2 + D(\nabla_q^2 + \nabla_{q_1}^2) f_2(\boldsymbol{x}, \boldsymbol{x}_1, t) \tag{3.1.19}$$

在得到式(3.1.18)和式(3.1.19)时利用了它两个等式右边第一项积分前面的常数 $N-1 \approx N$ 和 $N-2 \approx N$。

由于式(3.1.18)和式(3.1.19)是不封闭的,在方程 H 中有 f,在方程 f_2 中有 f_3 等,因此,除非用某种方法把方程链切断,否则就无法求解。

3.2 动力学方程

为了得到一个封闭方程,需要引进一些近似,使系统的演化可由单粒子概率密度

的封闭演化方程表述。这种单粒子概率密度的封闭演化方程就称为动力学方程。由于系统性质（气体、液体、等离子体）与粒子间相互作用性质等不同，因此动力学方程的形式也互有差异。下面是两种常用的动力学方程。

玻尔兹曼方程是描述稀薄气体非平衡运动的方程，是非平衡态统计物理中首个动力学方程，也是开创非平衡态统计物理的重要方程。它于1872年由玻尔兹曼导出，目前应用广泛。玻尔兹曼通过研究气体分子漂移运动和相互碰撞引起的分子数变化，首次推导出这一方程；随后，利用某些近似方法也可导出此方程。现在可利用BBGKY扩散方程中的式（3.1.18）和式（3.1.19）导出玻尔兹曼方程。

假设气体由中性分子组成，所谓稀薄气体是指绝大部分时间内分子都处于自由运动状态。分子间的相互作用力是范德瓦耳斯力，有很强的斥力程r_0仅为几埃①的量级，当气体密度n满足关系式$r = r_0^3 n \ll 1$时，这种气体就称为稀薄气体。当气体的$r_0 = 1$ Å，$n \ll 10^{24}/\text{cm}^3$ 和 $r_0 = 10$ Å，$n \ll 10^{21}/\text{cm}^3$时，气体都属于稀薄气体的范畴。可见，常温常压和中等压强下的气体都属于稀薄气体。

气体的稀薄和短程斥力特性对导出玻尔兹曼方程提供的便捷如下。

1. 可略去三体碰撞

若分子的斥力为5 Å，室温下分子平均速率约为$v = 10^5$ cm/s，两个分子碰撞时的相互作用时间为$\tau_0 = r_0/v \approx 5 \times 10^{-13}$ s；室温下，分子平均自由程$\lambda \approx 10^{-5}$ cm，分子两次碰撞的相隔时间为$\tau_c = \lambda/v \approx 10^{-10}$ s。这说明，两个以上分子共同碰撞的概率仅为$\tau_0/\tau_c \approx 5 \times 10^{-3}$，即气体中三体碰撞的概率为$10^{-3} \sim 10^{-2}$，因此可以略去。

2. 可以引入混沌假设

当两个分子间的距离大于斥力程r_0时，这两个分子可以看作近似独立运动，相互间无关联，故可引入混沌假设

$$f_2(\boldsymbol{x}, \boldsymbol{x}_1, t) = f_1(\boldsymbol{x}, t) f_1(\boldsymbol{x}_1, t) \tag{3.2.1}$$

由于略去三体碰撞，式（3.1.19）中的$f_3(\boldsymbol{x}, \boldsymbol{x}_1, \boldsymbol{x}_2, t) = 0$，于是得

$$\left[\frac{\partial}{\partial t} + \frac{\boldsymbol{p}}{m} \cdot \nabla_q + \frac{\boldsymbol{p}_1}{m} \cdot \nabla_{q_1} + (\boldsymbol{F} - \nabla_q V_{qq_1}) \cdot \nabla_p + (\boldsymbol{F}_1 - \nabla_{q_1} V_{q_1 q}) \cdot \nabla_{p_1} \right] f_2(\boldsymbol{x}, \boldsymbol{x}_1, t)$$
$$= D(\nabla_q^2 + \nabla_{q_1}^2) f_2(\boldsymbol{x}, \boldsymbol{x}_1, t) \tag{3.2.2}$$

考虑到f_2随时间的明显变化发生于气体两次碰撞的整个相隔时间τ_c内，而在两分

---

① 1埃 = 1Å = 0.1 nm。

子碰撞相互作用时间 τ_0 内变化很小，故可令 $\partial f_2/\partial t = 0$；同时考虑到气体未受到明显的外力作用，即 $\boldsymbol{F}=\boldsymbol{0}$ 和 $\boldsymbol{F}_1=\boldsymbol{0}$，因而式（3.2.2）变为

$$\left[(\nabla_q V_{qq_1})\cdot\nabla_p + (\nabla_{q_1} V_{q_1 q})\cdot\nabla_{p_1} - \frac{\boldsymbol{p}}{m}\cdot\nabla_q - \frac{\boldsymbol{p}_1}{m}\cdot\nabla_{q_1}\right]f_2(\boldsymbol{x},\boldsymbol{x}_1,t)$$
$$= -D(\nabla_q^2 + \nabla_{q_1}^2)f_2(\boldsymbol{x},\boldsymbol{x}_1,t) \tag{3.2.3}$$

由扩散方程式（4.2.4）得

$$D\nabla_q\rho = \frac{\partial}{\partial t}\nabla_q^{-1}\rho = \frac{\partial}{\partial t}\int\rho\mathrm{d}\boldsymbol{q} \approx \rho\dot{\boldsymbol{q}} = \rho\boldsymbol{v}$$

从而得

$$D\nabla_q \approx \boldsymbol{v} = \frac{\boldsymbol{p}}{m},\quad D\nabla_{q_1}\approx\boldsymbol{v}_1 = \frac{\boldsymbol{p}_1}{m} \tag{3.2.4}$$

将式（3.2.4）代入式（3.2.3），得

$$\left[(\nabla_q V_{qq_1})\cdot\nabla_p + (\nabla_{q_1}V_{q_1 q})\cdot\nabla_{p_1} - \frac{\boldsymbol{p}}{m}\cdot\nabla_q - \frac{\boldsymbol{p}_1}{m}\cdot\nabla_{q_1}\right]f_2(\boldsymbol{x},\boldsymbol{x}_1,t)$$
$$= -D\left(\frac{\boldsymbol{p}}{m}\cdot\nabla_q - \frac{\boldsymbol{p}_1}{m}\cdot\nabla_{q_1}\right)f_2(\boldsymbol{x},\boldsymbol{x}_1,t) \tag{3.2.5}$$

再将式（3.2.5）代入式（3.1.18）等式右边，因 $\int[(\nabla_{q_1}V_{q_1 q})]f_2(\boldsymbol{x},\boldsymbol{x}_1,t)\mathrm{d}\boldsymbol{x} = 0$，并因气体稀薄可略去式（3.1.18）中的扩散项 $D\nabla_q^2 f$，故可得

$$\left(\frac{\partial f}{\partial t}\right)_c = N\int\left[\left(\frac{\boldsymbol{p}}{m}\cdot\nabla_q + \frac{\boldsymbol{p}_1}{m}\cdot\nabla_{q_1}\right)f_2' - \left(\frac{\boldsymbol{p}}{m}\cdot\nabla_q + \frac{\boldsymbol{p}_1}{m}\cdot\nabla_{q_1}\right)f_2\right]\mathrm{d}\boldsymbol{x}_1 \tag{3.2.6}$$

引入 $\boldsymbol{q}_{12} = \boldsymbol{q}_1 - \boldsymbol{q}_2$，$\mathrm{d}\boldsymbol{q}_1 = \mathrm{d}\boldsymbol{q}_{12} = \mathrm{d}\boldsymbol{q}$，$\mathrm{d}\boldsymbol{q}_2 = -\mathrm{d}\boldsymbol{q}_{12} = -\mathrm{d}\boldsymbol{q}_1$，则式（3.2.6）变为

$$\left(\frac{\partial f}{\partial t}\right)_c = N\int\left[\frac{(\boldsymbol{p}-\boldsymbol{p}_1)}{m}\cdot\nabla_{q_{12}}\cdot(f_2'-f_2)\right]\mathrm{d}\boldsymbol{q}_{12}\mathrm{d}\boldsymbol{p}_1 \tag{3.2.7}$$

利用高斯定理，将对 $\boldsymbol{q}_{12}$ 的体积分变成对半径 R_0 的球形的表面 $\sum R_0$ 积分，式（3.2.7）变为

$$\left(\frac{\partial f}{\partial t}\right)_c = N\int_{\sum R_0}\mathrm{d}\boldsymbol{\Sigma}\cdot\frac{(\boldsymbol{p}-\boldsymbol{p}_1)}{m}(f_2'-f_2)\mathrm{d}\boldsymbol{p}_1 \tag{3.2.8}$$

若两分子弹性碰撞前后的动量为 $\boldsymbol{p}$，$\boldsymbol{p}_1$ 和 $\boldsymbol{p}'$，$\boldsymbol{p}_1'$，则根据动量守恒定律和能量守恒定律，有

$$\boldsymbol{p}+\boldsymbol{p}_1 = \boldsymbol{p}'+\boldsymbol{p}_1'$$
$$\boldsymbol{p}^2 + \boldsymbol{p}_1^2 = \boldsymbol{p}'^2 + \boldsymbol{p}_1'^2 \tag{3.2.9}$$

现考虑式（3.2.8）中球形表面的面积元 $\mathrm{d}\boldsymbol{\Sigma}$，它到垂直于 $\boldsymbol{p}-\boldsymbol{p}_1$ 的直径平面上投影的面积元为 $\mathrm{d}\omega$，引入极坐标 (b,φ)，其中，$0 < b < R_0$ 和 $0 < \varphi < 2\pi$，b 为碰撞时的瞄

准距离，φ 为与轴的极角，由此可得

$$d\omega = bdbd\varphi \tag{3.2.10}$$

$$\frac{(\boldsymbol{p}-\boldsymbol{p}_1)}{m} \cdot d\boldsymbol{\Sigma} = |\boldsymbol{p}-\boldsymbol{p}_1| d\omega \tag{3.2.11}$$

将式（3.2.1）、式（3.2.9）和式（3.2.11）代入式（3.2.8），再代入式（3.1.18）右边，即得两分子于 $\boldsymbol{q}$ 点发生碰撞的方程式

$$\left(\frac{\partial}{\partial t} + \frac{\boldsymbol{p}}{m} \cdot \nabla_q + \boldsymbol{F} \cdot \nabla_p\right) f(\boldsymbol{q},\boldsymbol{p},t)$$

$$= N \int |\boldsymbol{p}-\boldsymbol{p}_1| [f(\boldsymbol{q},\boldsymbol{p}',t)f(\boldsymbol{q},\boldsymbol{p}_1',t) - f(\boldsymbol{q},\boldsymbol{p}_1,t)f(\boldsymbol{q},\boldsymbol{p}_1,t)] bdbd\varphi d\boldsymbol{p}_1$$

$$\tag{3.2.12}$$

式（3.2.12）就是著名的玻尔兹曼微分积分方程，简称玻尔兹曼方程。

若将式（3.2.12）写成

$$\frac{\partial f(\boldsymbol{q},\boldsymbol{p},t)}{\partial t} = -\left(\frac{\boldsymbol{p}}{m} \cdot \nabla_q + \boldsymbol{F} \cdot \nabla_p\right) f(\boldsymbol{q},\boldsymbol{p},t) +$$

$$N \int |\boldsymbol{p}-\boldsymbol{p}_1| [f(\boldsymbol{q},\boldsymbol{p}',t)f(\boldsymbol{q},\boldsymbol{p}_1',t) - f(\boldsymbol{q},\boldsymbol{p}_1,t)f(\boldsymbol{q},\boldsymbol{p}_1,t)] bdbd\varphi d\boldsymbol{p}_1 \tag{3.2.13}$$

它的物理意义表明，单粒子概率密度随时间的变化率（方程等式左边）是由其在6维相空间的漂移（方程等式右边第一项）和碰撞（方程等式右边第二项）共同引起的。

由于玻尔兹曼方程式（3.2.12）是从不可逆的 BBGKY 扩散方程式（3.1.18）和式（3.1.19）导出的，显然，它是不可逆的。实际上，当 $t \to -t$ 时，式（3.2.12）等式左边变负号，而等式右边不变号，这就表明方程形式会发生变化，因而它是时间反演不对称的。

3.3 玻尔兹曼的 H 定理

玻尔兹曼方程描述不均匀稀薄气体概率密度在6维相空间的演化特性，若无外场驱动（$\boldsymbol{F}=\boldsymbol{0}$），则经过足够长的时间之后，稀薄气体必将衰变到平衡。为了证明这一点，玻尔兹曼于1872年引进了一个函数 $H(t)$，定义如下

$$H(t) = \int d\boldsymbol{q}d\boldsymbol{p} f(\boldsymbol{q},\boldsymbol{p},t) \ln f(\boldsymbol{q},\boldsymbol{p},t) \tag{3.3.1}$$

然后证明，若 $f(\boldsymbol{q},\boldsymbol{p},t)$ 遵守玻尔兹曼方程，则碰撞的影响总是导致 $H(t)$ 变小。证明如下。选取 $H(t)$ 的导数

$$\frac{\partial H(t)}{\partial t} = -\int \mathrm{d}\boldsymbol{q}\mathrm{d}\boldsymbol{p}\frac{\partial f}{\partial t}(\ln f + 1) \tag{3.3.2}$$

将式（3.2.12）代入式（3.3.2），得

$$\frac{\partial H(t)}{\partial t} = -\int \mathrm{d}\boldsymbol{q}\mathrm{d}\boldsymbol{p}\left(\frac{\boldsymbol{p}}{m}\cdot\nabla_{\boldsymbol{q}}f\right)(\ln f + 1) + $$
$$\int \mathrm{d}\boldsymbol{q}\mathrm{d}\boldsymbol{p}\left\{N\int|\boldsymbol{p}-\boldsymbol{p}_1|[f(\boldsymbol{q},\boldsymbol{p}',t)f(\boldsymbol{q},\boldsymbol{p}_1',t) - \right.$$
$$\left. f(\boldsymbol{q},\boldsymbol{p},t)f(\boldsymbol{q},\boldsymbol{p}_1,t)](\ln f + 1)b\mathrm{d}b\mathrm{d}\boldsymbol{\varphi}\mathrm{d}\boldsymbol{p}_1\right\} \tag{3.3.3}$$

把式（3.3.3）等式右边第一项化为面积分，并假设 $(\boldsymbol{q},\boldsymbol{p})\to\pm\infty$ 时，$f\to 0$。因而右边第一项为零。于是式（3.3.3）变成

$$\frac{\partial H(t)}{\partial t} = \int \mathrm{d}\boldsymbol{q}\mathrm{d}\boldsymbol{p}\mathrm{d}\boldsymbol{p}_1(f'f_1' - ff_1)(\ln f + 1)A \tag{3.3.4}$$

其中

$$A = N|\boldsymbol{p}-\boldsymbol{p}_1|b\mathrm{d}b\mathrm{d}\boldsymbol{\varphi}$$
$$f' = f(\boldsymbol{q},\boldsymbol{p}',t), f_1' = f(\boldsymbol{q},\boldsymbol{p}_1',t), f = f(\boldsymbol{q},\boldsymbol{p},t), f_1 = f(\boldsymbol{q},\boldsymbol{p}_1,t)$$

在积分中交换 $\boldsymbol{p}$ 与 $\boldsymbol{p}_1$ 得

$$\frac{\partial H(t)}{\partial t} = \int \mathrm{d}\boldsymbol{q}\mathrm{d}\boldsymbol{p}\mathrm{d}\boldsymbol{p}_1(f'f_1' - ff_1)(\ln f_1 + 1)A \tag{3.3.5}$$

将式（3.3.4）和式（3.3.5）相加并用 2 除，得

$$\frac{\partial H(t)}{\partial t} = \frac{1}{2}\int \mathrm{d}\boldsymbol{q}\mathrm{d}\boldsymbol{p}\mathrm{d}\boldsymbol{p}_1(f'f_1' - ff_1)[\ln(ff_1) + 2]A \tag{3.3.6}$$

在积分中交换 $\boldsymbol{p}$ 和 $\boldsymbol{p}'$，同时交换 $\boldsymbol{p}_1$ 和 $\boldsymbol{p}_1'$，得

$$\frac{\partial H(t)}{\partial t} = \frac{1}{2}\int \mathrm{d}\boldsymbol{q}\mathrm{d}\boldsymbol{p}\mathrm{d}\boldsymbol{p}_1(ff_1 - f'f_1')[\ln(f'f_1') + 2]A \tag{3.3.7}$$

将式（3.3.6）和式（3.3.7）相加并用 2 除，得

$$\frac{\partial H(t)}{\partial t} = -\frac{1}{4}\int \mathrm{d}\boldsymbol{q}\mathrm{d}\boldsymbol{p}\mathrm{d}\boldsymbol{p}_1(ff_1 - f'f_1')[\ln(ff_1) - \ln(f'f_1')]A$$

将 A 代入此式，最后得

$$\frac{\partial H(t)}{\partial t} = -\frac{N}{4}\int \mathrm{d}\boldsymbol{q}\mathrm{d}\boldsymbol{p}\mathrm{d}\boldsymbol{p}_1|\boldsymbol{p}-\boldsymbol{p}_1|(ff_1 - f'f_1')[\ln(ff_1) - \ln(f'f_1')]b\mathrm{d}b\mathrm{d}\boldsymbol{\varphi} \tag{3.3.8}$$

式（3.3.8）等式右边积分号下的被积函数可表示为

$$F(x,y) = (x-y)(\mathrm{e}^x - \mathrm{e}^y)$$

其中，$x = \ln(ff_1)$；$y = \ln(f'f_1')$。当 $x > y$ 时有 $\mathrm{e}^x > \mathrm{e}^y$，故 $F > 0$；当 $x < y$ 时有 $\mathrm{e}^x < \mathrm{e}^y$，

故也有 $F>0$。因此，不论 x 和 y 的数值为何，都有 $F \geqslant 0$；仅当 $x=y$ 时，$F=0$。于是，由式（3.3.8）得

$$\frac{\partial H(t)}{\partial t} \leqslant 0 \qquad (3.3.9)$$

仅当所有碰撞使得

$$ff_1 = f'f_1' \qquad (3.3.10)$$

时，$\partial H(t)/\partial t$ 才为零。式（3.3.10）是细致平衡条件，也是气体的平衡条件。式（3.3.9）表明，在分子相互碰撞影响下，$H(t)$ 随时间不可逆地单调减小，最后达到平衡，这就是 H 定理。

因为 $H(t)$ 总是随时间减小，故 $H(t)$ 的负值随时间而增加，玻尔兹曼用下面的量定义了非平衡态的熵 $S(t)$，即

$$S(t) = -kH(t) = -k\int d\boldsymbol{q} d\boldsymbol{p} f(\boldsymbol{q},\boldsymbol{p},t) \ln f(\boldsymbol{q},\boldsymbol{p},t) \qquad (3.3.11)$$

这就是现今被熟知的玻尔兹曼非平衡熵。

由式（3.3.9）和式（3.3.11）可得到熵增加原理

$$\frac{\partial S(t)}{\partial t} \geqslant 0 \qquad (3.3.12)$$

这里需要指出，第 7 章的熵产生率公式，即熵增加定律公式，与式（3.3.12）相比，不仅物理意义更为普适和深刻，而且气体的熵增加定律表达式也更为简洁。

3.4 弗拉索夫方程

弗拉索夫方程是描述稀薄等离子运动的方程。等离子体是高温状态下带电粒子组成的宏观系统。为简化讨论，假设带正电粒子（离子）均匀地、固定地分布在系统的体积内，电子由于密度涨落，造成负电性局域集结和不均匀分布，它的运动状态可用概率密度 $f(\boldsymbol{q},\boldsymbol{p},t)$ 表示。由于两个电子间总是存在库伦势的长程弱作用，且相距越远，作用越弱，因此，电子间相互作用的效应相当于任何一个电子受到其他所有电子产生介质平均场的影响。因为等离子体稀薄，且电子间近似无关联，可相互独立运动，故仍可引用混沌假设

$$f(\boldsymbol{q},\boldsymbol{p},\boldsymbol{q}_1,\boldsymbol{p}_1,t) = f(\boldsymbol{q},\boldsymbol{p},t)f(\boldsymbol{q}_1,\boldsymbol{p}_1,t) \qquad (3.4.1)$$

将式（3.4.1）代入式（3.1.18）等式右边，并略去扩散项 $D\nabla_q^2 f$ 得

$$\left(\frac{\partial f}{\partial t}\right)_c = [\nabla_q \Phi(\boldsymbol{q},t)] \cdot [\nabla_p f(\boldsymbol{q},\boldsymbol{p},t)] \tag{3.4.2}$$

其中

$$\Phi(\boldsymbol{q},t) = N \int V_{qq_1} f(\boldsymbol{q}_1,\boldsymbol{p}_1,t) \mathrm{d}\boldsymbol{q}_1 \mathrm{d}\boldsymbol{p}_1 \tag{3.4.3}$$

就是作用于电子介质的平均场。

将式（3.4.2）代入式（3.1.18）右边，得

$$\left\{\frac{\partial}{\partial t} + \frac{\boldsymbol{p}}{m} \cdot \nabla_q + [(\boldsymbol{F} - \nabla_q \Phi(\boldsymbol{q},t) \cdot \nabla_p)]\right\} f(\boldsymbol{q},\boldsymbol{p},t) = 0 \tag{3.4.4}$$

或写成

$$\frac{\partial f(\boldsymbol{q},\boldsymbol{p},t)}{\partial t} = -\left(\frac{\boldsymbol{p}}{m} \cdot \nabla_q + \boldsymbol{F} \cdot \nabla_p\right) f(\boldsymbol{q},\boldsymbol{p},t) + \nabla_q \Phi(\boldsymbol{q},t) \cdot \nabla_p f(\boldsymbol{q},\boldsymbol{p},t) \tag{3.4.5}$$

式（3.4.4）和式（3.4.5）就是弗拉索夫方程，它于 1938 年由弗拉索夫导出。式（3.4.5）的物理意义表明，稀薄等离子体中电子概率密度随时间的变化率（方程等式左边）是由其 6 维相空间的漂移（方程等式右边第一项）和介质平均场的影响（方程等式右边第二项）两者共同引起的。

弗拉索夫方程为非线性方程。当 $t \to -t$，$\boldsymbol{p} \to \boldsymbol{p}_1$ 时，方程形式不变，可见弗拉索夫方程是可逆的。

第 4 章

流体力学方程

如何从微观动力学方程严格推导出宏观流体力学方程,这仍然是一个尚未完全解决的重要课题。虽然从玻尔兹曼方程可获得扩散方程和纳维-斯托克斯方程,但这些仅是近似解,且玻尔兹曼方程仅适用于稀薄气体。本章介绍从 BBGKY 扩散方程式(3.1.18)和式(3.1.19)出发,严格推导出流体力学方程。

4.1 流体力学衡算方程

流体力学中有三个著名的衡算方程,又称欧拉方程,说明如下。

4.1.1 流体质量衡算方程

$$\frac{\partial \rho}{\partial t} = -\nabla \cdot (\rho \boldsymbol{C}) \tag{4.1.1}$$

其中,$\nabla = \nabla_q$(本章都如此);$\rho = \rho(\boldsymbol{q}, t)$ 为流体质量密度;$\boldsymbol{C} = \boldsymbol{C}(\boldsymbol{q}, t)$ 为流体平均速度。

4.1.2 流体动量衡算方程

$$\frac{\partial (\rho \boldsymbol{C})}{\partial t} = -\nabla \cdot (\rho \boldsymbol{C}\boldsymbol{C} + \boldsymbol{P}) + \rho \boldsymbol{F} \tag{4.1.2}$$

其中,$\boldsymbol{P}$ 为压力张量;$\boldsymbol{F}$ 为外力。

4.1.3 流体能量衡算方程

$$\frac{\partial (\rho u)}{\partial t} = -\nabla \cdot (\rho u \boldsymbol{C} + \boldsymbol{J}_q) - \boldsymbol{P} : \nabla \boldsymbol{C} \tag{4.1.3}$$

其中，$u = u(\boldsymbol{q},t)$ 为流体能量密度；$\boldsymbol{J_q}$ 为热流。式（4.1.1）、式（4.1.2）和式（4.1.3）称为流体力学中的欧拉方程。

为导出流体力学方程，先给出由微观分布函数表达的有关流体宏观物理量。

宏观质量密度为

$$\rho = (\boldsymbol{q},t) = m\left(\frac{N}{V}\right)\int f(\boldsymbol{x},t)\,\mathrm{d}\boldsymbol{p} \tag{4.1.4}$$

流体速度为

$$\boldsymbol{C} = (\boldsymbol{q},t) = \frac{1}{\rho}\left(\frac{N}{V}\right)\int \boldsymbol{p} f(\boldsymbol{x},t)\,\mathrm{d}\boldsymbol{p} \tag{4.1.5}$$

内部动能密度为

$$\in^{(k)}(\boldsymbol{q},t) = \frac{1}{\rho}\left(\frac{N}{V}\right)\int \left(\frac{\boldsymbol{p}^2}{2m} - \frac{1}{2}mC^2\right)f(\boldsymbol{x},t)\,\mathrm{d}\boldsymbol{p}$$

$$= \frac{1}{\rho}\left(\frac{N}{V}\right)\int \frac{1}{2m}(\boldsymbol{p}^2 - mC^2)f(\boldsymbol{x},t)\,\mathrm{d}\boldsymbol{p} \tag{4.1.6}$$

其中，k 表示动能；V 表示体积。

平均粒子间作用位能密度为

$$\in^{(v)}(\boldsymbol{q},t) = \frac{1}{2\rho}\left(\frac{N}{V}\right)^2 \int V(\boldsymbol{q},\boldsymbol{q}_1)f_2(\boldsymbol{x},\boldsymbol{x}_1,t)\,\mathrm{d}\boldsymbol{x}_1\mathrm{d}\boldsymbol{p} \tag{4.1.7}$$

其中，上标 v 表示位能；V 表示体积。式（4.1.6）和式（4.1.7）的能量密度指单位质量的能量密度。

下面来导出三个流体力学（演化）方程，同时导出式（4.1.1）~式（4.1.3）的三个流体力学衡算方程。

4.2 流体质量演化方程

为得流体质量演化方程，将式（3.1.18）两边各项乘以 $m\left(\frac{N}{V}\right)$，并对 $\boldsymbol{p}$ 积分，得

$$\frac{\partial}{\partial t}\left[m\left(\frac{N}{V}\right)\int f\mathrm{d}\boldsymbol{p}\right] + \nabla \cdot \left[m\left(\frac{N}{V}\right)\int \frac{\boldsymbol{p}}{m}f\mathrm{d}\boldsymbol{p}\right] + m\left(\frac{N}{V}\right)\int \nabla \cdot (\boldsymbol{F}f)\,\mathrm{d}\boldsymbol{p}$$

$$= mN\left(\frac{N}{V}\right)\int \nabla \cdot [\nabla_{\boldsymbol{q}} V_{q_1 q_2} f_2]\,\mathrm{d}\boldsymbol{x}_1\mathrm{d}\boldsymbol{p} + D\int \nabla^2\left(m\frac{N}{V}f\right)\mathrm{d}\boldsymbol{p} \tag{4.2.1}$$

方程右边第一项由部分积分得来，再利用向量分析中的高斯定理将体积分变成面积分，且 $f_2 \to 0$，$\boldsymbol{p} \to \infty$，因而此项为零。同样，方程左边第三项也为零。代入式（4.1.4）和

式 (4.1.5)，即得

$$\frac{\partial \rho}{\partial t} + \nabla \cdot (\rho C) = D \nabla^2 \rho \tag{4.2.2}$$

式 (4.2.2) 描述了流体质量密度随时间的变化率是由漂移（流动）和扩散两者引起的，称为质量漂移扩散方程。它可写成质量密度连续方程

$$\frac{\partial \rho}{\partial t} = -\nabla \cdot j = -\nabla \cdot (\rho C - D \nabla \rho) \tag{4.2.3}$$

其中，j 为质量流密度。内部密度不均匀的流动流体可由式 (4.2.2) 描述。

当漂移可略去时，式 (4.2.2) 和式 (4.2.3) 就变为

$$\frac{\partial \rho}{\partial t} = D \nabla^2 \rho \tag{4.2.4}$$

$$\frac{\partial \rho}{\partial t} = -\nabla \cdot j_D \tag{4.2.5}$$

其中

$$j_D = -D \nabla \rho \tag{4.2.6}$$

式 (4.2.4) 或式 (4.2.5) 就是通常的流体扩散方程，式 (4.2.6) 则是流体扩散的菲克定律。

现由式 (4.2.4) 求扩散系数 D，用 q^2 左乘式 (4.2.4) 两边并积分，得

$$\int \frac{\partial}{\partial t}(\rho q^2) \mathrm{d}q = D \int q^2 \nabla^2 \rho \mathrm{d}q \tag{4.2.7}$$

利用 $<q^2> = \int \rho q^2 \mathrm{d}q$，式 (4.2.7) 变为

$$\frac{\partial}{\partial t} <q^2> = D \int q^2 \nabla^2 \rho \mathrm{d}q \tag{4.2.8}$$

将式 (4.2.8) 右边两次部分积分并利用 $D \int \nabla \cdot [(\nabla \rho) q^2] \mathrm{d}q = 0$ 和 $D \int \nabla \cdot (\rho \nabla q^2) \mathrm{d}q = 0$，得

$$\frac{\partial}{\partial t} <q^2> = D \int (\rho \cdot \nabla^2 q^2) \mathrm{d}q \tag{4.2.9}$$

对式 (4.2.9) 右边两次微分，得

$$D = \frac{1}{2} \frac{\partial}{\partial t} <q^2>$$

$$\text{或} <q^2> = 2Dt \tag{4.2.10}$$

当以通常惯用的 x 代替 q 为坐标时，则式 (4.2.10) 可写为

$$<x^2> = 2Dt \tag{4.2.11}$$

当流体为气体时，由气体动力学理论，即可求得扩散系数为

$$D = \frac{1}{3}\bar{v}\lambda \tag{4.2.12}$$

其中，$\bar{v}$ 为气体分子平均速度；λ 为分子平均自由程。

4.3 流体动量演化方程

为得流体动量演化方程，将式（3.1.18）两边各乘以 $(N/V)\boldsymbol{p}$ 并对 $\boldsymbol{p}$ 积分，得

$$\frac{\partial}{\partial t}\left[\left(\frac{N}{V}\right)\int f\boldsymbol{p}\,\mathrm{d}\boldsymbol{p}\right] + \nabla\cdot\left[\left(\frac{N}{V}\right)\int\frac{\boldsymbol{pp}}{m}f\mathrm{d}\boldsymbol{p}\right] + \left(\frac{N}{V}\right)\int\nabla_p\cdot(\boldsymbol{pF}f)\,\mathrm{d}\boldsymbol{p} -$$
$$\left(\frac{N}{V}\right)\int f\boldsymbol{p}\cdot(\nabla_p\boldsymbol{p})\,\mathrm{d}\boldsymbol{p} = N\left(\frac{N}{V}\right)\int \boldsymbol{p}(\nabla_p V_{qq_1})\cdot(\nabla_p f_2)\,\mathrm{d}\boldsymbol{x}_1\mathrm{d}\boldsymbol{p} +$$
$$D\int\nabla^2\left(\frac{N}{V}\right)f\boldsymbol{p}\mathrm{d}\boldsymbol{p} \tag{4.3.1}$$

代入式（4.1.4）和式（4.1.5），式（4.3.1）可写为

$$\frac{\partial(\rho\boldsymbol{c})}{\partial t} + \nabla\cdot\left[\left(\frac{N}{V}\right)\int\frac{\boldsymbol{pp}}{m}f\mathrm{d}\boldsymbol{p}\right] + \left(\frac{N}{V}\right)\int\nabla_p\cdot(\boldsymbol{pF}f)\,\mathrm{d}\boldsymbol{p} -$$
$$N\left(\frac{N}{V}\right)\int \boldsymbol{p}(\nabla_q V_{qq_1})\cdot(\nabla_p f_2)\,\mathrm{d}\boldsymbol{x}_1\mathrm{d}\boldsymbol{p} = \rho\boldsymbol{F} + D\nabla^2(\rho\boldsymbol{c}) \tag{4.3.2}$$

其中，$\boldsymbol{c}$ 为粒子速度。在式（4.3.1）中，左边第三项由高斯定理知

$$\left(\frac{N}{V}\right)\int\nabla_p\cdot(\boldsymbol{pF}f)\,\mathrm{d}\boldsymbol{p} = 0 \tag{4.3.3}$$

下一步，用 $\boldsymbol{C}$ 乘以式（4.1.1）两边各项，得

$$\boldsymbol{C}\frac{\partial\rho}{\partial t} + \nabla\cdot(\rho\boldsymbol{CC}) - \rho(\boldsymbol{C}\cdot\nabla)\boldsymbol{C} = 0 \tag{4.3.4}$$

用式（4.3.2）减式（4.3.4），得

$$\rho\left[\frac{\partial\boldsymbol{C}}{\partial t} + (\boldsymbol{C}\cdot\nabla)\boldsymbol{C}\right] + \nabla\cdot\left[\left(\frac{N}{V}\right)\int\left(\frac{\rho\boldsymbol{p}}{m} - \boldsymbol{CC}\right)f(\boldsymbol{x},t)\mathrm{d}\boldsymbol{p}\right] +$$
$$N\left(\frac{N}{V}\right)\int[(\nabla_q V_{qq_1})f(\boldsymbol{x},\boldsymbol{x}_1,t)]\,\mathrm{d}\boldsymbol{x}_1\mathrm{d}\boldsymbol{p} = \rho\boldsymbol{F} + D\nabla^2(\rho\boldsymbol{C}) \tag{4.3.5}$$

其中，第二项可写为

$$\nabla \cdot \left[\left(\frac{N}{V}\right) \int \left(\frac{\rho \boldsymbol{p}}{m} - m\boldsymbol{CC}\right) f(\boldsymbol{x},t) \mathrm{d}\boldsymbol{p} \right]$$

$$= \nabla \cdot \left(\frac{N}{V}\right) \int f(\boldsymbol{x},t) \frac{(\boldsymbol{p}-m\boldsymbol{C})(m\boldsymbol{C}-\boldsymbol{p})}{m} \mathrm{d}\boldsymbol{p} \tag{4.3.6}$$

现定义动能压力张量 $\boldsymbol{P}^{(K)}$ 为

$$\boldsymbol{P}^{(K)}(\boldsymbol{q},t) = \left(\frac{N}{V}\right) \int f(\boldsymbol{x},t) \frac{(\boldsymbol{p}-m\boldsymbol{C})(m\boldsymbol{C}-\boldsymbol{p})}{m} \mathrm{d}\boldsymbol{p} \tag{4.3.7}$$

将式 (4.3.6) 和式 (4.3.7) 代入式 (4.3.5)，得

$$\rho \frac{\partial \boldsymbol{C}}{\partial t} + \rho(\boldsymbol{C} \cdot \nabla)\boldsymbol{C} + \nabla \cdot \boldsymbol{P}^{(K)} + N\left(\frac{N}{V}\right) \int \left[(\nabla_q V_{qq_1}) f_2(\boldsymbol{x},\boldsymbol{x}_1,t)\right] \mathrm{d}\boldsymbol{x}_1 \mathrm{d}\boldsymbol{p}$$
$$= \rho \boldsymbol{F} + D \nabla^2 (\rho \boldsymbol{C}) \tag{4.3.8}$$

经过详细推算，式 (4.3.8) 等式左边第三项为

$$N\left(\frac{N}{V}\right) \int \left[(\nabla_q V_{qq_1}) f_2(\boldsymbol{x},\boldsymbol{x}_1,t)\right] \mathrm{d}\boldsymbol{x}_1 \mathrm{d}\boldsymbol{p} = \nabla \cdot \boldsymbol{P}^{(V)} \tag{4.3.9}$$

其中，压力张量

$$\boldsymbol{P}^{(V)} = -\frac{N}{2}\left(\frac{N}{V}\right) \int_0^1 \mathrm{d}\lambda \int \mathrm{d}\boldsymbol{q}'_{12} \mathrm{d}\boldsymbol{p} \mathrm{d}\boldsymbol{p}'_1 \frac{\boldsymbol{q}'_{12} \boldsymbol{q}'_{12}}{q'_{12}} \frac{\mathrm{d}V(\boldsymbol{q}'_{12})}{\mathrm{d}\boldsymbol{q}'_{12}} \times$$
$$f_2[\boldsymbol{q}+(1-\lambda)\boldsymbol{q}'_{12},\boldsymbol{p},\boldsymbol{q}-\lambda\boldsymbol{q}'_{12}\boldsymbol{p}'t] \tag{4.3.10}$$

其中，$\boldsymbol{q}'_{12} = \boldsymbol{q} - \boldsymbol{q}_1$，$q'_{12} = |\boldsymbol{q}'_{12}|$。

总压力张量是式 (4.3.7) 与式 (4.3.10) 之和，即

$$\boldsymbol{P} = \boldsymbol{P}^{(K)} + \boldsymbol{P}^{(V)} \tag{4.3.11}$$

将式 (4.3.11) 代入式 (4.3.8)，得

$$\rho \frac{\partial \boldsymbol{C}}{\partial t} + \rho(\boldsymbol{C} \cdot \nabla)\boldsymbol{C} + \nabla \cdot \boldsymbol{P} = \rho \boldsymbol{F} + D \nabla^2 (\rho \boldsymbol{C})$$

或

$$\frac{\partial(\rho \boldsymbol{C})}{\partial t} + \nabla \cdot (\rho \boldsymbol{CC} + \boldsymbol{P}) = \rho \boldsymbol{F} + D \nabla^2 (\rho \boldsymbol{C}) \tag{4.3.12}$$

这就是流体动量演化方程。

将式 (4.3.12) 减去 $\boldsymbol{C}$ 乘式 (4.2.3) 两边，得

$$\rho \frac{\partial \boldsymbol{C}}{\partial t} + \rho(\boldsymbol{C} \cdot \nabla)\boldsymbol{C} + \nabla \cdot \boldsymbol{P} = \rho \boldsymbol{F} + \eta \nabla^2 \boldsymbol{C} + \rho(2\nu \nabla\ln\rho) \cdot \nabla \boldsymbol{C} \tag{4.3.13}$$

或

$$\frac{\partial \boldsymbol{C}}{\partial t} + (\boldsymbol{C} \cdot \nabla)\boldsymbol{C} + \frac{1}{\rho}\nabla \cdot \boldsymbol{P} = \boldsymbol{F} + \nu \nabla^2 \boldsymbol{C} + \left[(2\nu \nabla\ln\rho) \cdot \nabla\right] \boldsymbol{C} \tag{4.3.14}$$

当 $\nabla\rho = 0$，得

$$\frac{\partial \boldsymbol{C}}{\partial t} + (\boldsymbol{C}\cdot\nabla)\boldsymbol{C} + \frac{1}{\rho}\nabla\cdot\boldsymbol{P} = \boldsymbol{F} + \nu\nabla^2\boldsymbol{C} \tag{4.3.15}$$

这就是通常的纳维－斯托克斯方程。

当 $\boldsymbol{F} = \boldsymbol{0}$，$\nabla\cdot\boldsymbol{P} = 0$，则

$$\frac{\partial \boldsymbol{C}}{\partial t} + (\boldsymbol{C}\cdot\nabla)\boldsymbol{C} = \nu\nabla^2\boldsymbol{C} \tag{4.3.16}$$

其中，黏滞系数为

$$\eta = \rho D \tag{4.3.17}$$

运动黏滞系数为

$$\nu = D = \eta/\rho \tag{4.3.18}$$

式（4.3.17）给出了黏滞系数 η 与扩散系数 D 的关系式。式（4.3.18）则说明运动黏滞系数 ν 与扩散系数 D 相等。

4.4 流体能量演化方程

为得流体能量演化方程，将式（3.1.18）两边各项乘以 $(N/V)(\boldsymbol{p} - m\boldsymbol{C})^2/2m$ 并对 $\boldsymbol{p}$ 积分，再利用式（4.1.6），得

$$\frac{\partial(\rho \in^{(K)})}{\partial t} - \int f(\boldsymbol{x},t)\frac{\partial}{\partial t}\left[\left(\frac{N}{V}\right)\frac{(\boldsymbol{p} - m\boldsymbol{C})^2}{2m}\right]\mathrm{d}\boldsymbol{p} +$$

$$\left(\frac{N}{V}\right)\int\frac{(\boldsymbol{p} - m\boldsymbol{C})^2}{2m}\frac{\boldsymbol{p}}{m}\cdot[\nabla f(\boldsymbol{x},t)]\mathrm{d}\boldsymbol{p} + \left(\frac{N}{V}\right)\int\frac{(\boldsymbol{p} - m\boldsymbol{C})^2}{2m}\boldsymbol{F}\cdot[\nabla_p f(\boldsymbol{x},t)]\mathrm{d}\boldsymbol{p}$$

$$= N\left(\frac{N}{V}\right)\int\frac{(\boldsymbol{p} - m\boldsymbol{C})^2}{2m}(\nabla V_{qq_1})\cdot[\nabla_p f_2(\boldsymbol{x},\boldsymbol{x}_1,t)]\mathrm{d}\boldsymbol{x}_1\mathrm{d}\boldsymbol{p} +$$

$$D\left(\frac{N}{V}\right)\int\frac{(\boldsymbol{p} - m\boldsymbol{C})^2}{2m}\nabla^2 f(\boldsymbol{x},t)\mathrm{d}\boldsymbol{p} \tag{4.4.1}$$

其中，左边第一项和第二项用部分微分得来。第二项对 t 求偏导数再对 $\boldsymbol{p}$ 积分等于零。第三项经部分微分，得

$$\left(\frac{N}{V}\right)\int\frac{(\boldsymbol{p} - m\boldsymbol{C})^2}{2m}\frac{\boldsymbol{p}}{m}\cdot[\nabla f(\boldsymbol{x},t)]\mathrm{d}\boldsymbol{p}$$

$$= \nabla\cdot[(\rho \in^{(K)}\boldsymbol{C}) + \boldsymbol{j}_q^{(K)}(\boldsymbol{q},t)] - \left(\frac{N}{V}\right)\int f(\boldsymbol{x},t)\nabla\cdot\left[\frac{\boldsymbol{p}}{m}\frac{(\boldsymbol{p} - m\boldsymbol{C})^2}{2m}\right]\mathrm{d}\boldsymbol{p} \tag{4.4.2}$$

其中

$$j_q^{(K)}(\boldsymbol{q},t) = \left(\frac{N}{V}\right)\int \frac{(\boldsymbol{p}-m\boldsymbol{C})}{m}\frac{(\boldsymbol{p}-m\boldsymbol{C})^2}{2m}f(\boldsymbol{x},t)\mathrm{d}\boldsymbol{p} \tag{4.4.3}$$

$$\nabla \cdot \boldsymbol{j}_q(\boldsymbol{q},t) = \left(\frac{N}{V}\right)\nabla \cdot \int \frac{(\boldsymbol{p}-m\boldsymbol{C})}{m}\frac{(\boldsymbol{p}-m\boldsymbol{C})^2}{2m}f(\boldsymbol{x},t)\mathrm{d}\boldsymbol{p}$$

$$= \left(\frac{N}{V}\right)\int \nabla \cdot \left[\frac{\boldsymbol{p}}{m}\frac{(\boldsymbol{p}-m\boldsymbol{C})^2}{2m}f(\boldsymbol{x},t)\right]\mathrm{d}\boldsymbol{p} -$$

$$\left(\frac{N}{V}\right)\int \nabla \cdot \left[\boldsymbol{C}\frac{(\boldsymbol{p}-m\boldsymbol{C})^2}{2m}f(\boldsymbol{x},t)\right]\mathrm{d}\boldsymbol{p} = 0 \tag{4.4.4}$$

$$\left(\frac{N}{V}\right)\int f(\boldsymbol{x},t)\nabla\cdot\left[\frac{\boldsymbol{p}}{m}\frac{(\boldsymbol{p}-m\boldsymbol{C})^2}{2m}\right]\mathrm{d}\boldsymbol{p} = \left(\frac{N}{V}\right)\int f(\boldsymbol{x},t)\left[\frac{\boldsymbol{p}}{m}\frac{2(\boldsymbol{p}-m\boldsymbol{C})^2}{2m}(-m\nabla\boldsymbol{C})\right]\mathrm{d}\boldsymbol{p}$$

$$= -\boldsymbol{P}^{(K)}:(\nabla\boldsymbol{C}) \tag{4.4.5}$$

在得到式 (4.4.5) 时利用了式 (4.3.7)。

将式 (4.4.5) 代入式 (4.4.2),则式 (4.4.1) 左边第三项为

$$\nabla \cdot [(\rho \in^{(K)} \boldsymbol{C}) + \boldsymbol{j}_q^{(K)}(\boldsymbol{q},t)] + \boldsymbol{P}^{(K)}:(\nabla\boldsymbol{C}) \tag{4.4.6}$$

式 (4.4.1) 第四项部分微分后再积分等于零。式 (4.4.1) 右边部分积分后为

$$-\left(\frac{N}{V}\right)^2 \int f_2(\boldsymbol{x},\boldsymbol{x}_1,t)\frac{\boldsymbol{p}-m\boldsymbol{C}}{m}\cdot\nabla_q V_{qq_1}\mathrm{d}\boldsymbol{x}_1\mathrm{d}\boldsymbol{p} \tag{4.4.7}$$

这样,式 (4.4.1) 变为

$$\frac{\partial(\rho\in^{(K)})}{\partial t} + \nabla\cdot[\rho\in^{(K)}\boldsymbol{C} + \boldsymbol{j}_q^{(K)}(\boldsymbol{q},t)] = -\boldsymbol{P}^{(K)}:(\nabla\boldsymbol{C}) -$$

$$\left(\frac{N}{V}\right)^2 \int f_2(\boldsymbol{x},\boldsymbol{x}_1,t)\frac{\boldsymbol{p}-m\boldsymbol{C}}{m}\cdot\nabla_q V_{qq_1}\mathrm{d}\boldsymbol{x}\mathrm{d}\boldsymbol{p} + \tag{4.4.8}$$

$$D\left(\frac{N}{V}\right)\int\left(\frac{\boldsymbol{p}-m\boldsymbol{C}}{2m}\right)^2\nabla^2 f(\boldsymbol{x},t)\mathrm{d}\boldsymbol{p}$$

为得到能量 ρu 演化方程,需在式 (4.4.8) 上加入 $\rho\in^{(V)}$ 的演化方程,它可从式 (3.1.19) 得到。将此方程两边各项乘以 $(N/V)^2 V_{qq_1}$ 并对 $\mathrm{d}\boldsymbol{x}\mathrm{d}\boldsymbol{p}$ 积分,再将此方程右边第一项分别对 $\boldsymbol{p}$ 和 $\boldsymbol{p}_1$ 部分积分,即得此项应为零,这就保证仅有单粒子和双粒子的分布函数进入宏观演化方程。类似从式 (4.4.1) 导出式 (4.4.8) 的方法,式 (4.4.1) 左边应为

$$\frac{\partial(\rho\in^{(V)})}{\partial t} + \nabla\cdot[\rho\in^{(V)}\boldsymbol{C} + \boldsymbol{j}_q^{(V_1)}] - \frac{1}{2}\left(\frac{N}{V}\right)^2\int\nabla_q V_{qq_1}\cdot$$

$$\frac{\boldsymbol{p}-\boldsymbol{p}_1}{m}f_2(\boldsymbol{x},\boldsymbol{x}_1,t)\mathrm{d}\boldsymbol{x}_1\mathrm{d}\boldsymbol{p} + \frac{D}{2}\left(\frac{N}{V}\right)^2\int V_{qq_1}(\nabla_q^2+\nabla_{q_1}^2)f_2(\boldsymbol{x},\boldsymbol{x}_1,t)\mathrm{d}\boldsymbol{x}_1\mathrm{d}\boldsymbol{p} \tag{4.4.9}$$

将式 (4.4.9) 加入式 (4.4.8),得

$$\frac{\partial(\rho u)}{\partial t} + \nabla \cdot (\rho u \boldsymbol{C} + \boldsymbol{j}_q^{(K)} + \boldsymbol{j}_q^{(V_1)}) = \boldsymbol{P}^{(K)} : (\nabla \boldsymbol{C}) -$$

$$\frac{1}{2}\left(\frac{N}{V}\right)^2 \int \nabla_q V_{qq_1} \frac{\boldsymbol{p} + \boldsymbol{p}_1 - 2m\boldsymbol{C}}{m} f_2(\boldsymbol{x}, \boldsymbol{x}_1, t) \, \mathrm{d}\boldsymbol{x}_1 \mathrm{d}\boldsymbol{p} +$$

$$D\left(\frac{N}{V}\right) \int \frac{(\boldsymbol{p} - m\boldsymbol{C})^2}{2m} \nabla_q^2 f(\boldsymbol{x}, t) \, \mathrm{d}\boldsymbol{p} +$$

$$\frac{D}{2}\left(\frac{N}{V}\right)^2 \int V_{qq_1}(\nabla_q^2 + \nabla_{q_1}^2) f(\boldsymbol{x}, \boldsymbol{x}_1, t) \, \mathrm{d}\boldsymbol{x}_1 \mathrm{d}\boldsymbol{p} \tag{4.4.10}$$

引入变数，$\boldsymbol{q}'_{12} = \boldsymbol{q} - \boldsymbol{q}_1$，$q'_{12} = |\boldsymbol{q}'_{12}|$。式 (4.4.10) 右边第二项可分为如下两项。第一项为

$$-\frac{1}{2}\left(\frac{N}{V}\right)^2 \int \nabla_q V_{qq_1} \cdot \frac{\boldsymbol{p} + \boldsymbol{p}_1}{m} f_2(\boldsymbol{x}, \boldsymbol{x}_1, t) \, \mathrm{d}\boldsymbol{x}_1 \mathrm{d}\boldsymbol{p}$$

$$= \nabla \cdot \left\{ \frac{1}{4}\left(\frac{N}{V}\right)^2 \int_0^1 \mathrm{d}\lambda \int \mathrm{d}\boldsymbol{q}'_{12} \frac{1}{q'_{12}} \frac{\mathrm{d}V(\boldsymbol{q}'_{12})}{\mathrm{d}\boldsymbol{q}'_{12}} \int \mathrm{d}\boldsymbol{p} \mathrm{d}\boldsymbol{p}_1 \frac{\boldsymbol{p} + \boldsymbol{p}_1}{m} \cdot (\boldsymbol{q}'_{12} \boldsymbol{q}'_{12}) \right. \tag{4.4.11}$$

$$\left. f_2[\boldsymbol{q} + (1-\lambda)\boldsymbol{q}'_{12}, \boldsymbol{p}, \boldsymbol{q} - \lambda \boldsymbol{q}'_{12}, \boldsymbol{p}_1, t] \right\}$$

第二项为

$$\left(\frac{N}{V}\right)^2 \boldsymbol{C} \cdot \int \nabla_q V_{qq_1} f_2(\boldsymbol{x}, \boldsymbol{x}_1, t) \, \mathrm{d}\boldsymbol{x}_1 \mathrm{d}\boldsymbol{p}$$

$$= \boldsymbol{C} \cdot \nabla \left\{ -\frac{1}{2}\left(\frac{N}{V}\right)^2 \int_0^1 \mathrm{d}\lambda \int \mathrm{d}\boldsymbol{q}'_{12} \frac{\boldsymbol{q}'_{12} \boldsymbol{q}'_{12}}{q'_{12}} \frac{\mathrm{d}V(\boldsymbol{q}'_{12})}{\mathrm{d}\boldsymbol{q}'_{12}} \times \right. \tag{4.4.12}$$

$$\left. f_2[\boldsymbol{q} + (1-\lambda)\boldsymbol{q}'_{12}, \boldsymbol{p}, \boldsymbol{q} - \lambda \boldsymbol{q}'_{12}, \boldsymbol{p}_1, t] \mathrm{d}\boldsymbol{p} \mathrm{d}\boldsymbol{p}_1 \right\}$$

$$= \boldsymbol{C} \cdot (\nabla \cdot \boldsymbol{P}^{(V)}) = \nabla \cdot (\boldsymbol{C} \cdot \boldsymbol{P}^{(V)}) - \boldsymbol{P}^{(V)} : (\nabla \boldsymbol{C})$$

上式第一项与式 (4.4.11) 可合并成 $-\nabla \cdot \boldsymbol{j}_q^{(V_2)}$，其中

$$\boldsymbol{j}_q^{(V_2)} = -\frac{1}{4}\left(\frac{N}{V}\right)^2 \int_0^1 \mathrm{d}\lambda \int \mathrm{d}\boldsymbol{q}'_{12} \frac{\boldsymbol{q}'_{12} \boldsymbol{q}'_{12}}{q'_{12}} \frac{\boldsymbol{p} + \boldsymbol{p}_1 - 2m\boldsymbol{C}}{m} \times \tag{4.4.13}$$

$$f_2[\boldsymbol{q} + (1-\lambda)\boldsymbol{q}'_{12}, \boldsymbol{p}, \boldsymbol{q} - \lambda \boldsymbol{q}'_{12}, \boldsymbol{p}, t] \mathrm{d}\boldsymbol{p} \mathrm{d}\boldsymbol{p}_1$$

式 (4.4.10) 右边第三项为

$$D(\nabla^2 \rho \in^{(K)}) + D\rho(\nabla \boldsymbol{C}) : (\nabla \boldsymbol{C}) \tag{4.4.14}$$

右边第四项为

$$D(\nabla^2 \rho \in^{(V)}) - D\nabla\nabla : \boldsymbol{P}^{(V)} \tag{4.4.15}$$

将式 (4.4.12)、式 (4.4.13)、式 (4.4.14) 和式 (4.4.15) 代入式 (4.4.10)，即得

$$\frac{\partial(\rho u)}{\partial t} + \nabla \cdot (\rho u \boldsymbol{C} + \boldsymbol{J}_q) = -\boldsymbol{P} : \nabla \boldsymbol{C} + D\nabla^2(\rho u) + \tag{4.4.16}$$

$$D\rho(\nabla \boldsymbol{C}) : (\nabla \boldsymbol{C}) - D\nabla\nabla : \boldsymbol{P}^{(V)}$$

这就是流体能量演化方程，其中

$$\boldsymbol{J}_q = \boldsymbol{j}_q^{(K)} + \boldsymbol{j}_q^{(V_1)} + \boldsymbol{j}_q^{(V_2)} \tag{4.4.17}$$

由式（4.4.16）减去 u 乘以式（4.2.2）两边，得

$$\rho \frac{\partial u}{\partial t} + \rho(\boldsymbol{C} \cdot \nabla) u + \nabla \cdot \boldsymbol{J}_q = -\boldsymbol{P} : \nabla \boldsymbol{C} + \rho D \nabla^2 u + \tag{4.4.18}$$

$$\rho D(\nabla \boldsymbol{C}) : (\nabla \boldsymbol{C}) + (2D\nabla\rho) \cdot \nabla u - D\nabla\nabla : \boldsymbol{P}^{(V)}$$

或

$$\frac{\partial u}{\partial t} + (\boldsymbol{C} \cdot \nabla) u + \frac{1}{\rho} \nabla \cdot \boldsymbol{J}_q = -\frac{1}{\rho} \boldsymbol{P} : \nabla \boldsymbol{C} + D\nabla^2 u + \tag{4.4.19}$$

$$D(\nabla \boldsymbol{C}) : (\nabla \boldsymbol{C}) + (2D\nabla\ln\rho) \cdot \nabla u - \frac{D}{\rho} \nabla\nabla : \boldsymbol{P}^{(V)}$$

引入局域温度 $T = T(\boldsymbol{q},t)$ 与变换式 $\partial u / \partial t = C_V(\partial T / \partial t)$ 及 $\nabla u = C_V \nabla T$，代入式（4.4.19），得流体局域温度演化方程

$$\frac{\partial T}{\partial t} + (\boldsymbol{C} \cdot \nabla) T + \frac{1}{\rho C_V} \nabla \cdot \boldsymbol{J}_q = \frac{\lambda}{\rho C_V} \nabla^2 T + \frac{D}{C_V} (\nabla \boldsymbol{C}) : (\nabla \boldsymbol{C}) + \tag{4.4.20}$$

$$(2D\nabla\ln\rho) \cdot (\nabla T) - \frac{D}{\rho C_V} \nabla\nabla : \boldsymbol{P}^{(V)}$$

当系统中粒子速度 $\boldsymbol{C} = 0$，压力张量 $\boldsymbol{P}^{(V)} = 0$，$\nabla\rho = 0$，且热流 $\boldsymbol{J}_q = 0$，则式（4.4.20）变成

$$\frac{\partial T}{\partial t} = \frac{\lambda}{\rho C_V} \nabla^2 T = D \nabla^2 T \tag{4.4.21}$$

这就是通常的热导方程。

其中，C_V 为单位质量的比定容热容；λ 为热导系数

$$\lambda = \rho C_V D \tag{4.4.22}$$

代入式（4.3.17）得

$$\lambda = \eta C_V \tag{4.4.23}$$

式（4.4.22）与式（4.4.23）都表示热导系数与比定容热容之间的关系式。式（4.4.23）与过去已有的关系式是一致的。

式（4.2.2）、式（4.3.12）与式（4.4.16）表明，流体动力学（演化）方程组

中，不仅存在质量流动项 $\nabla\cdot(\rho\boldsymbol{C})$、动量流动项 $\nabla(\rho\boldsymbol{CC})$ 和能量流动项 $\nabla\cdot(\rho u\boldsymbol{C})$，同时还存在质量扩散项目 $D\nabla^2\rho$、动量扩散项 $D\nabla^2(\rho\boldsymbol{C})$ 和能量扩散项 $D\nabla^2(\rho u)+\rho D(\nabla\boldsymbol{C}):(\nabla\boldsymbol{C})-D\nabla\nabla:\boldsymbol{P}^{(V)}$。由式（4.4.12）和式（4.4.14）可见，流体黏滞性是由动量扩散引起的，从而可以简洁严格地推导出广义纳维－斯托克斯方程。质量扩散、黏滞流动和热传导都是不可逆的耗散过程，它们都与随机性密切相关。流体力学（演化）方程组都与随机性密切相关。流体力学（演化）方程组，即式（4.2.2）、式（4.3.12）、式（4.4.16）和热导方程式（4.4.20）的时间反演不对称性正反映了这些过程的不可逆性。

当 $D=0$ 时，式（4.2.2）、式（4.3.12）与式（4.4.16）就还原成流体力学三个衡算方程式（4.1.1）、式（4.1.2）和式（4.1.3）。换言之，流体力学三个宏观衡算方程可由微观动力学方程严格导出。

第 5 章
熵的定义与物理意义

熵是一个极为重要的概念和物理量，它在宏观世界的重大作用在 20 世纪前已为克劳修斯、开尔文、麦克斯韦与玻尔兹曼等所承认。然而，对熵的一些主要特性和概念发展，特别是熵随时间变化的定量表达式的探索，迄今仍未停止。1865 年，克劳修斯首先引进了一个新概念——态函数熵，用以定量阐明热力学第二定律，其重要性不亚于能量的熵。1877 年，玻尔兹曼提出了熵正比于热力学概率的对数，1906 年，普朗克写出了熵的玻尔兹曼公式，又名玻尔兹曼–普朗克公式。1902 年，吉布斯给出了 $6N$ 维相空间（Γ 空间）熵的概率统计表达式。实际上，玻尔兹曼于 1872 年推导出玻尔兹曼方程和 H 定理时所用的 H 函数与 6 维相空间（μ 空间）熵的概率统计表达式仅相差一个负常数，因而可代表后者来应用。1998 年，查理斯（C. Tsallis）提出了非可加熵，此外，1948 年香农（Shannon）建立信息理论的时候还提出了有别于上述物理熵的信息熵，所有这些就是熵的诞生和发展简史。

接下来介绍熵的定义与物理意义。

5.1　克劳修斯热力学熵

克劳修斯在引进态函数熵时，给出的公式为

$$dS = \frac{\dbar Q}{T} \tag{5.1.1}$$

其中，$\dbar Q$ 为流入系统的热量；T 为热力学温度；S 为新引进的熵。式（5.1.1）适用于可逆过程，这里需要指出，用字母 S 表示熵，用英文 entropy 定名，都是克劳修斯提出的，而 entropy 的中文译名"熵"，则由中国物理学家胡刚复教授于 1923 年定名。

因熵是态函数，故由式（5.1.1），应有

$$\oint dS = \oint \frac{đQ}{T} = 0 \tag{5.1.2}$$

对应于每个热力学平衡态，都可以引入一个态函数熵 S，从一个态 A 到另一个态 B，S 的变化为

$$S(B) - S(A) = \int_A^B \frac{đQ}{T} \tag{5.1.3}$$

其中，$S(A)$ 和 $S(B)$ 各为对应的态 A 和态 B 的熵值。

对于不可逆过程，则有

$$dS > \frac{đQ}{T} \tag{5.1.4}$$

将式 (5.1.1) 和式 (5.1.4) 用一个公式表示，可写成

$$dS \geqslant \frac{đQ}{T} \tag{5.1.5}$$

孤立系统与外界无热交换，$đQ = 0$，故有

$$dS \geqslant 0 \tag{5.1.6}$$

由此可见，孤立系统的熵只增不减：若过程是可逆的，则 $dS = 0$（熵不变）；若过程是不可逆的，则 $dS > 0$（熵恒增）。这就是不可逆过程的熵增加定律，由它可表述成热力学第二定律。这正是克劳修斯在科学上的重大贡献。此外，热力学第一定律由如下方程的表述也出自克劳修斯，即

$$dU = đQ - PdV \tag{5.1.7}$$

其中，U 为系统的能量；P 和 V 分别为气体的压强和体积。将式 (5.1.1) 代入式 (5.1.7)，则热力学第一定律方程变为

$$dU = TdS - PdV \tag{5.1.8}$$

克劳修斯将热力学第一定律式 (5.1.7) 和热力学第二定律式 (5.1.4) 拓展至整个宇宙，并假设它是一个与外界无热交换（$đQ = 0$）也无力学相互作用（$PdV = 0$）的孤立系统，因而宇宙的 $dU = 0$（能量不变），$dS > 0$（熵恒增）。于是，克劳修斯将热力学两个定律最后表述为：宇宙的能量是常量，宇宙的熵趋于最大。

对于克劳修斯这种表述所引起的"热寂"困惑，学术界一直存在争议，迄今仍无定论。

阐述熵的物理意义可以从卡诺热机着手。设某系统在高温 T 时吸热 Q，在低温 T_0 时放热，因此可构成效率为

$$\eta = 1 - \frac{T_0}{T} \tag{5.1.9}$$

的卡诺热机，其对外做功为

$$W = \eta Q = Q\left(1 - \frac{T_0}{T}\right) \tag{5.1.10}$$

其中，Q 中不可用来做功的部分为 $Q\dfrac{T_0}{T}$。设系统在 T' 吸热 Q，而在 $T_0(T > T' > T_0)$ 时放热，则热量 Q 中可用来做功的部分减少至

$$W' = Q\left(1 - \frac{T_0}{T'}\right) \tag{5.1.11}$$

其中，Q 中不可用来做功的部分增加至 $Q\dfrac{T_0}{T'}$。与式（5.1.10）相比，式（5.1.11）能量中不可用来做功部分的增量为

$$\Delta Q_\mathrm{d} = W - W' = Q\left(\frac{1}{T'} - \frac{1}{T}\right)T_0 \tag{5.1.12}$$

若将两系统看成同一大系统的两个部分或前后两个过程，则后者比前者的熵的增量为

$$\Delta S = \frac{\Delta Q_\mathrm{d}}{T_0} = Q\left(\frac{1}{T'} - \frac{1}{T}\right) > Q \tag{5.1.13}$$

这样，热量 Q 中不可用来做功部分的增量为 $\Delta Q_\mathrm{d} = T_0 \Delta S_0$。由此可见，熵表示系统中不可用来做功能量的度量。若将系统总能量中可用于做功部分的能量称为有效能量，而将总能量中不可用来做功部分的能量称为无效能量，熵就是系统中有效能量转化成无效能量的度量。这种无效能量就是退化的能量或耗散的能量。从而可以简言之，熵就是系统耗散能量的度量。从式（5.1.13）可知，熵增加与耗散能量增加成正比，熵增加，耗散能量就随之增加。这些论述就是熵的宏观物理意义。这里需要说明，所谓熵增加和耗散能量增加，是指系统总的熵增加和总的耗散能量增加。

5.2 玻尔兹曼统计熵公式

1877 年，玻尔兹曼给出了熵正比于热力学概率的对数的关系式

$$S \sim \ln W \tag{5.2.1}$$

其中，W 为热力学概率，即宏观系统包含的微观状态数。

1906 年，普朗克将式（5.2.1）写成

$$S = k\ln W + C \tag{5.2.2}$$

其中，k 和 C 为两个常数。根据热力学第三定律，当 $T=0$ 时，$W=1$，$S=0$，故常数 $C=0$。于是，普朗克写出了熵的统计表达式为

$$S = k\ln W \tag{5.2.3}$$

这就是现今已熟知的玻尔兹曼公式，又名玻尔兹曼-普朗克公式。其中，k 由普朗克定名为玻尔兹曼常数。

为得到式 (5.2.3)，根据热力学中熵趋于极大与统计物理学中热力学概率趋于极大都是孤立系统达到平衡的条件，普朗克提出一个基本假设：熵是热力学概率的函数，即

$$S = f(W) \tag{5.2.4}$$

由热力学可知，熵是广延量，系统的总熵等于其中各部分熵的和；而由概率论可知，系统总的热力学概率等于其中各部分的热力学概率之积。现考虑系统由两个部分组成，则有 $S = S_1 + S_2$，$W = W_1 W_2$。其中，$S_1 = f(W_1)$，$S_2 = f(W_2)$，$S = f(W)$。将上述关系联合起来，有

$$f(W_1 W_2) = f(W_1) + f(W_2) \tag{5.2.5}$$

将式 (5.2.5) 分别对 W_1 和 W_2 求偏导数，得

$$\frac{\partial f(W_1 W_2)}{\partial W_1} = \frac{\partial f(W_1)}{\partial W_1} \tag{5.2.6}$$

$$\frac{\partial f(W_1 W_2)}{\partial W_2} = \frac{\partial f(W_2)}{\partial W_2} \tag{5.2.7}$$

利用复合函数的求导法则，式 (5.2.6) 和式 (5.2.7) 可写为

$$W_2 \frac{\partial f(W)}{\partial W} = \frac{\partial f(W_1)}{\partial W_1} \tag{5.2.8}$$

$$W_1 \frac{\partial f(W)}{\partial W} = \frac{\partial f(W_2)}{\partial W_2} \tag{5.2.9}$$

由此可得

$$W_1 \frac{\partial f(W_1)}{\partial W_1} = W_2 \frac{\partial f(W_2)}{\partial W_2} = W \frac{\partial f(W)}{\partial W} \tag{5.2.10}$$

式 (5.2.10) 对由任何两部分组成的系统皆适用，因而它必定是恒等关系式，并且必定等于一个常数，即

$$W \frac{\partial f(W)}{\partial W} = k \text{ 或 } \partial f(W) = k \frac{\partial W}{W} \tag{5.2.11}$$

两边积分，得

$$S = f(W) = k\ln W + C \tag{5.2.12}$$

由熵的广延性和概率运算法则，知 $C=0$。这样，就得到式（5.2.3）。

玻尔兹曼公式［见式（5.2.3）］给出了熵 S 正比于 $\ln W$ 的关系式，即熵 S 随 W 的变化而变化的关系式。它之所以重要，是因为它第一次把熵和概率联系起来，指明了熵的统计性质，而熵增加的不可逆过程则是系统从概率小的宏观态向概率大的宏观态的发展过程。热力学平衡态则是概率最大的宏观态。这就给熵增加定律表述的热力学第二定律提供了一种统计学解释。

为了明确微观状态数的物理意义，设想同等数量、同等大小、同等质量的黑白两种小球。开始时，黑白两种小球分别左右排列于二维长方平底容器内，容器中间一部分未排列小球，这时系统仅有一个状态，即完全有序状态。随着容器向左右方向不断摇动，黑白小球由于滚动而混乱排列，系统排列状态数增加，有序度减小，无序度（混乱度）增加。可见，微观状态数的多少反映了系统无序度（混乱度）的大小。式（5.2.3）表明，微观状态数少，系统的无序度就小，熵也就小；微观状态数多，系统的无序度就大，熵也就大；微观状态数增多，系统物质的无序度就增大，熵也就增加。因此，玻尔兹曼公式揭示了熵的本质：熵表示系统无序度的度量。这是熵的另一种物理意义。

综合 5.1 节和 5.2 节中熵的物理意义：熵是系统耗散能量的度量，也是系统无序度的度量。熵增加，系统的耗散能量增加，系统的无序度也增大。

5.3 热力学熵、统计熵和吉布斯熵三者等价

1878 年，吉布斯引入了系综的概念，1902 年，他给出了吉布斯熵的概率统计表达式

$$S = -k \sum_{i=1}^{W} P_i \ln P_i \tag{5.3.1}$$

其中

$$P_i = \frac{n_i}{W} \tag{5.3.2}$$

为系统处于包含 n_i 微观状态的宏观态概率。因各宏观态内所有微观数的总和应等于总的微观态数目，故有

$$\sum_i n_i = W \tag{5.3.3}$$

由式（5.3.2）和式（5.3.3），得 $\sum_i P_i = 1$。

对于微正则系综，根据等概率原理，系统处于每个微观态的概率相等，因而这种情况下，式（5.3.1）中的 P_i 为每个微观态的概率，故有

$$P_i = \frac{1}{W} \tag{5.3.4}$$

将式（5.3.4）代入式（5.3.1），得

$$S = -k \sum_{i=1}^{W} \frac{1}{W} \ln \frac{1}{W} = -k \ln \frac{1}{W} = k \ln W$$

这就是式（5.2.3），即吉布斯熵和统计熵等价。

现再由温度定义

$$\frac{1}{kT} = \frac{d \ln W}{dE} \tag{5.3.5}$$

其中，E 为系统能量。由热力学第一定律式（5.1.8）得

$$T = \left(\frac{\partial U}{\partial S}\right)_V$$

或

$$\frac{1}{T} = \left(\frac{\partial S}{\partial U}\right)_V = \left(\frac{\partial S}{\partial Q}\right)_V$$

这就是热力学熵式（5.1.1）的另一个形式。

由式（5.3.5）和式（5.1.1），得

$$\frac{d \ln W}{dE} = \frac{1}{k} \left(\frac{\partial S}{\partial U}\right)_V$$

由此得 $S = k \ln W$，即热力学熵和统计熵等价。这就证明了热力学熵、统计熵和吉布斯熵三者等价。

5.4 玻尔兹曼 – 吉布斯熵

1902 年，吉布斯给出的概率统计熵式（5.3.1）是间断式的，$6N$ 维相空间连续的吉布斯非平衡熵为

$$S_G(t) = -k \int \rho(\boldsymbol{X},t) \ln \rho(\boldsymbol{X},t) d\boldsymbol{\Gamma} = \int S_X d\boldsymbol{\Gamma} \tag{5.4.1}$$

其中

$$S_X = -k\rho(\boldsymbol{X},t) \ln \rho(\boldsymbol{X},t) \tag{5.4.2}$$

为 $6N$ 维相空间的熵密度。

这种概率统计吉布斯非平衡熵又可定义为

$$S_G(t) = -k\int \rho(\boldsymbol{X},t)\ln\frac{\rho(\boldsymbol{X},t)}{\rho_0(\boldsymbol{X})}d\Gamma + S_{G_0} \qquad (5.4.3)$$

$$= \int S_X d\Gamma + S_{G_0}$$

其中

$$S_X = -k\rho(\boldsymbol{X},t)\ln\frac{\rho(\boldsymbol{X},t)}{\rho_0(\boldsymbol{X})} \qquad (5.4.4)$$

为 $6N$ 维相空间的熵密度；$\rho_0(\boldsymbol{X})$ 和 S_{G_0} 分别为平衡态的系综概率密度和熵。

6 维相空间的玻尔兹曼概率统计非平衡熵为

$$S_B(t) = -kH = -k\int f(\boldsymbol{x},t)\ln f(\boldsymbol{x},t)d\boldsymbol{x} = \int S_x d\boldsymbol{x} \qquad (5.4.5)$$

其中

$$S_x = -kf(\boldsymbol{x},t)\ln f(\boldsymbol{x},t) \qquad (5.4.6)$$

为 6 维相空间的熵密度。

同样可定义这种玻尔兹曼非平衡熵为

$$S_B(t) = -k\int f(\boldsymbol{x},t)\ln\frac{f(\boldsymbol{x},t)}{f_0(\boldsymbol{x})}d\boldsymbol{x} + S_{B_0} \qquad (5.4.7)$$

$$= \int S_x d\boldsymbol{x} + S_{B_0}$$

其中

$$S_x = -kf(\boldsymbol{x},t)\ln\frac{f(\boldsymbol{x},t)}{f_0(\boldsymbol{x})} \qquad (5.4.8)$$

为 6 维相空间的熵密度；$f_0(\boldsymbol{x})$ 和 S_{B_0} 分别为平衡态的概率密度和熵。

合称式 (5.4.5)、式 (5.4.7) 和式 (5.4.1)、式 (5.4.3) 为玻尔兹曼 – 吉布斯熵（简称 B – G 熵）。

5.5 查理斯熵

1988 年，查理斯提出了非广延熵

$$S_q = k\frac{1-\sum_{i=1}^{W}p_i^q}{q-1}, \quad q\in\mathbf{R}, \sum_{i=1}^{W}p_i = 1 \qquad (5.5.1)$$

其中，p_i 是第 i 个微观态的概率。

连续的查理斯熵则为

$$S_q = k\frac{1 - \int [\rho(\boldsymbol{x})]^q \mathrm{d}\boldsymbol{x}}{q-1}, \quad \int \rho(\boldsymbol{x}) \mathrm{d}\boldsymbol{x} = 1 \tag{5.5.2}$$

当 $q=1$ 时，式（5.5.1）和式（5.5.2）变为 B-G 熵

$$S = -k\sum_{i=1}^{W} p_i \ln p_i$$

$$S = -k\int \rho(\boldsymbol{x}) \ln \rho(\boldsymbol{x}) \mathrm{d}\boldsymbol{x}$$

按照式（5.5.2），查理斯 $6N$ 维相空间非平衡熵可写为

$$S_q(t) = k\frac{1 - \int [\rho(\boldsymbol{X},t)]^q \mathrm{d}\Gamma}{q-1} = k\frac{\int \rho(\boldsymbol{X},t) \mathrm{d}\Gamma - \int [\rho(\boldsymbol{X},t)]^q \mathrm{d}\Gamma}{q-1} \tag{5.5.3}$$

$$= \int S_{q\boldsymbol{X}} \mathrm{d}\Gamma \quad (q \in \mathbf{R})$$

查理斯 $6N$ 维相空间熵密度为

$$S_{q\boldsymbol{X}}(t) = k\frac{\rho - \rho^q}{q-1} \tag{5.5.4}$$

$$\lim_{q \to 1} S_q(t) = k\frac{1 - \int \rho[1+(q-1)\ln\rho]\mathrm{d}\Gamma}{q-1}$$

$$= -k\int \rho \ln \rho \mathrm{d}\Gamma \quad [\rho = \rho(\boldsymbol{X},t)]$$

$$\lim_{q \to 1} S_{q\boldsymbol{X}}(t) = k\frac{\rho - \rho[1+(q-1)\ln\rho]}{q-1} = -k\rho \ln \rho$$

如同 B-G 熵，查理斯 $6N$ 维相空间非平衡熵可写为

$$S_q(t) = k\frac{1 - \int \rho_0(\boldsymbol{X})[\rho(\boldsymbol{X},t)/\rho_0(\boldsymbol{X})]^q \mathrm{d}\Gamma}{q-1} + S_m$$

$$= k\frac{\int \rho(\boldsymbol{X},t)\mathrm{d}\Gamma - \int \rho_0(\boldsymbol{X})[\rho(\boldsymbol{X},t)/\rho_0(\boldsymbol{X})]^q \mathrm{d}\Gamma}{q-1} + S_m \tag{5.5.5}$$

$$= \int S_{q\boldsymbol{X}} \mathrm{d}\Gamma + S_m$$

查理斯熵密度为

$$S_{q\boldsymbol{X}}(t) = k\frac{\rho - \rho_0(\rho/\rho_0)^q}{q-1} \tag{5.5.6}$$

$$\lim_{q\to 1}S_q(t) = k\frac{1 - \int\rho_0\left\{\frac{\rho}{\rho_0}\left[1+(q-1)\ln\frac{\rho}{\rho_0}\right]\right\}\mathrm{d}\Gamma}{q-1} + S_m$$

$$= -k\int\rho\ln\frac{\rho}{\rho_0}\mathrm{d}\Gamma + S_m$$

$$\lim_{q\to 1}S_{qX}(t) = k\frac{\rho - \rho_0\left\{\frac{\rho}{\rho_0}\left[1+(q-1)\ln\frac{\rho}{\rho_0}\right]\right\}}{q-1} = -k\rho\ln\frac{\rho}{\rho_0}$$

同样，当 $q=1$ 时查理斯非平衡熵式（5.5.3）和式（5.5.5）变为 B-G 非平衡熵。

5.6　信息熵

1948 年，香农在建立信息理论时，将上述统计物理熵即式（5.4.2）推广作为理论基本组成部分，给信息熵以新的定义，以表示信源系统的不确定性。下面详细介绍动态信息熵的演化。

设所讨论的动力学系统，如流体动力学、颗粒（晶粒、恒星等）长大动力学、信息传输动力学等，其状态可由态变量表示，如流体的速度和温度、颗粒尺度、传输信息的符号等。设 t 为系统态变量 a 的演化时间，$p(a,t)\mathrm{d}a$ 为 $t=0$ 时，$a=0$ 的态变量于 t 时演化到 a 和 $a+\mathrm{d}a$ 之间的概率。显然 $p(a,t)\mathrm{d}a$ 满足归一化条件 $\int p(a,t)\mathrm{d}a = 1$。如 2.4.5 节所述，描述 $p(a,t)$ 随时间 t 演化的方程应为福克-普朗克方程

$$\frac{\partial p(a,t)}{\partial t} = -\frac{\partial}{\partial a}\left[A(a)p(a,t) + \frac{\partial^2}{\partial a^2}[B(a)p(a,t)]\right] \tag{5.6.1}$$

其中，$A(a)$ 和 $B(a)$ 为系统的漂移变化函数和涨落变化函数。

根据动态信息理论与非平衡态统计理论的对应，动力学系统演化 t 时的动态信息熵可定义为

$$S_I(t) = -\int p(a,t)\ln p(a,t)\mathrm{d}a = \int S_{Ia}(t)\mathrm{d}a \tag{5.6.2}$$

或

$$S_I(t) = -\int p(a,t)\ln\frac{p(a,t)}{p_m(a)}\mathrm{d}a + S_{Im}$$
$$= \int S_{Ia}(t)\mathrm{d}a + S_{Im} \tag{5.6.3}$$

其中

$$S_{Ia}(t) = -p(a,t)\ln\frac{p(a,t)}{p_m(a)} \tag{5.6.4}$$

为信息熵密度；$p_m(a)$ 和 S_{Im} 为平衡态时的概率密度和信息熵。

这里需指出，式（5.6.2）和式（5.6.3）中都没有玻尔兹曼常数 k，因而信息熵的物理意义有别于 5.3 节～5.5 节所述的物理熵，它与能量耗散无关，仅表示信源系统的不确定性。

第6章

非平衡熵演化方程

第 5 章介绍了克劳修斯热力学熵、玻尔兹曼统计熵公式、玻尔兹曼－吉布斯熵、查理斯熵及信息熵，它们都是与时间变化无关的平衡态熵。自 1865 年克劳修斯提出熵的概念和物理量以来，迄今为止，人们对于熵随时间的变化规律仍未有深入了解，缺乏描述非平衡变化的统计方程和公式，这正是当前亟待解决的关键问题。如第 4 章所述，非平衡态统计热力学系统中的质量、动量和能量不仅有其衡算方程，而且都遵守随时空变化的演化方程，如扩散方程、热导方程和纳维－斯托克斯方程。既然非平衡熵的衡算方程已知，人们自然会问：它在时空究竟如何变化？是否也遵守某种演化方程？如果是，这种方程是何形式？1998 年，著者首次推导出了 $6N$ 维、6 维和 3 维相空间的非平衡熵密度随时空变化的非线性演化方程，并预言了熵扩散的存在。本章就给出 4 种非平衡熵演化方程。

6.1 固体非平衡熵演化方程

为导出固体非平衡熵演化方程，从 $6N$ 维相空间的非平衡熵的定义式 (5.4.3) 出发，其中，ρ_0 满足固体 $6N$ 维相空间的概率密度平衡态演化方程

$$\frac{\partial \rho_0}{\partial t} = -\nabla_X \cdot \left\{ \left[\dot{X} + \frac{1}{2}(\nabla_q \cdot D) \right] \rho_0 \right\} + \nabla_q \nabla_q : (D\rho_0) = 0 \tag{6.1.1}$$

将式 (5.4.3) 两边对时间 t 求偏导数并代入固体的刘维尔扩散方程式 (2.5.7) 和式 (6.1.1)，得固体 $6N$ 维相空间的非平衡熵变化率为

$$\begin{aligned}\frac{\partial S_S}{\partial t} &= \int \frac{\partial S_X}{\partial t} \mathrm{d}\Gamma = -k \int \left\{ \left[\frac{\partial \rho}{\partial t}\left(\ln \frac{\rho}{\rho_0} + 1\right) \right] - \frac{\rho}{\rho_0}\frac{\partial \rho_0}{\partial t} \right\} \mathrm{d}\Gamma \\ &= -\int \left[\nabla_X \cdot (J_{\mathrm{st}} + J_{\mathrm{sd}}) - \sigma_{\mathrm{s}} \right] \mathrm{d}\Gamma \end{aligned} \tag{6.1.2}$$

其中，J_{st} 为漂移熵流密度，s 为熵，t 为漂移；J_{sd} 为扩散熵流密度，d 为扩散。

固体 $6N$ 维相空间的熵密度衡算方程为

$$\frac{\partial S_X}{\partial t} = -\nabla_X \cdot J_s + \sigma_s = -\nabla_X \cdot (J_{st} + J_{sd}) + \sigma_s \tag{6.1.3}$$

于是可得固体 $6N$ 维相空间的非平衡熵密度演化方程为

$$\frac{\partial S_X}{\partial t} = -\nabla_X \cdot \left\{ \left[\dot{X} + \frac{1}{2}(\nabla_q \cdot D) \right] S_X \right\} + \nabla_q \nabla_q : (DS_X) + \\ \frac{D}{k\rho} : [(\nabla_q \ln\rho) S_X - \nabla_q S_X][(\nabla_q \ln\rho) S_X - \nabla_q S_X] \tag{6.1.4}$$

其中

$$-\nabla_X \cdot (\dot{X} S_X) = [H, S_X]$$

熵流密度为

$$J_s = J_{st} + J_{sd} = \dot{X} S_X - D \cdot \nabla_q S_X - \frac{1}{2}(\nabla_q \cdot D) S_X \tag{6.1.5}$$

漂移熵流密度为

$$J_{st} = \dot{X} S_X \tag{6.1.6}$$

扩散熵流密度为

$$J_{sd} = -D \cdot \nabla_q S_X - \frac{1}{2}(\nabla_q \cdot D) S_X \tag{6.1.7}$$

熵产生密度为

$$\sigma_s = k\rho D : \left(\nabla_q \ln\frac{\rho}{\rho_0}\right)\left(\nabla_q \ln\frac{\rho}{\rho_0}\right) \\ = \frac{D}{k\rho} : [(\nabla_q \ln\rho) S_X - \nabla_q S_X][(\nabla_q \ln\rho) S_X - \nabla_q S_X] \tag{6.1.8}$$

鉴于固体，特别是金属中，每个粒子都与其他粒子存在强关联，因而难以从数学上导出单个粒子的非平衡熵演化方程；液体也是如此。

下面 6.2 节给出各向同性气体的非平衡熵演化方程。

6.2　B-G 非平衡熵演化方程

对于各向同性气体，可分别针对宏观系统所有 N 个粒子和单个粒子给出结果。

6.2.1　$6N$ 维非平衡熵演化方程

$6N$ 维相空间的非平衡熵可定义为

$$S_G(t) = -k\int \rho(\boldsymbol{X},t)\ln\frac{\rho(\boldsymbol{X},t)}{\rho_0(\boldsymbol{X})}\mathrm{d}\Gamma + S_{G_0} \tag{6.2.1}$$

$$= \int S_X \mathrm{d}\Gamma + S_{G_0}$$

其中，k 为玻尔兹曼常数；ρ_0 和 S_{G_0} 分别为平衡态的系综概率密度和熵，ρ_0 满足

$$\frac{\partial \rho_0}{\partial t} = [H,\rho_0] + D\boldsymbol{\nabla}_q^2 \rho_0 = 0 \tag{6.2.2}$$

$6N$ 维相空间的熵密度为

$$S_X = -k\rho\ln\frac{\rho}{\rho_0} \tag{6.2.3}$$

或

$$S_G(t) = -k\int \rho(\boldsymbol{X},t)\ln\rho(\boldsymbol{X},t)\mathrm{d}\Gamma = \int S_X \mathrm{d}\Gamma \tag{6.2.4}$$

$$S_X = -k\rho(\boldsymbol{X},t)\ln\rho(\boldsymbol{X},t)$$

本书之所以采用式（6.2.1）和式（6.2.12）而非式（6.2.4）和式（6.2.14）作为非平衡熵的定义，是因为这样由非平衡态过渡到平衡态时，不会产生冲突。

将式（6.2.1）两边对时间 t 求偏导数并代入刘维尔扩散方程（2.5.7）和式（6.2.2），得 $6N$ 维相空间的非平衡熵的变化率为

$$\frac{\partial S_G}{\partial t} = \int \frac{\partial S_X}{\partial t}\mathrm{d}\Gamma = -k\int\left\{\left[\frac{\partial \rho}{\partial t}\left(\ln\frac{\rho}{\rho_0}+1\right)\right] - \frac{\rho}{\rho_0}\frac{\partial \rho_0}{\partial t}\right\}\mathrm{d}\Gamma$$
$$= -\int[\boldsymbol{\nabla}_X \cdot (J_{st}+J_{sd}) - \sigma_G]\mathrm{d}\Gamma \tag{6.2.5}$$

$6N$ 维相空间的熵密度衡算方程为

$$\frac{\partial S_X}{\partial t} = -\boldsymbol{\nabla}_X \cdot J_s + \sigma_G = -\boldsymbol{\nabla}_X \cdot (J_{st}+J_{sd}) + \sigma_G \tag{6.2.6}$$

于是可得 $6N$ 维相空间的非平衡熵密度演化方程为

$$\frac{\partial S_X}{\partial t} = -\boldsymbol{\nabla}_X \cdot (\dot{\boldsymbol{X}}S_X) + D\boldsymbol{\nabla}_q^2 S_X + \frac{D}{k\rho}[(\boldsymbol{\nabla}_q\ln\rho)S_X - \boldsymbol{\nabla}_q S_X]^2 \tag{6.2.7}$$

其中

$$-\boldsymbol{\nabla}_X \cdot (\dot{\boldsymbol{X}}S_X) = [H, S_X]$$

熵流密度为

$$J_s = J_{st} + J_{sd} = \dot{\boldsymbol{X}}S_X - D\boldsymbol{\nabla}_q S_X \tag{6.2.8}$$

漂移熵流密度为

$$J_{\text{st}} = \dot{X} S_X \tag{6.2.9}$$

扩散熵流密度为

$$J_{\text{sd}} = -D \nabla_q S_X \tag{6.2.10}$$

熵产生密度为

$$\sigma_G = kD\rho \left(\nabla_q \ln \frac{\rho}{\rho_0} \right)^2 = \frac{D}{k\rho} [(\nabla_q \ln \rho) S_X - \nabla_q S_X]^2 \tag{6.2.11}$$

6.2.2 6维和3维非平衡熵演化方程

同样，6维相空间的非平衡熵可定义为

$$S_B(t) = -k \int f_1(\boldsymbol{x}, t) \ln \frac{f_1(\boldsymbol{x}, t)}{f_{10}(\boldsymbol{x})} d\boldsymbol{x} + S_{B_0} = \int S_{vp} d\boldsymbol{x} + S_{B_0} \tag{6.2.12}$$

其中，$f_{10}(\boldsymbol{x})$和S_{B_0}分别为平衡态的单粒子约化概率密度和熵。

6维相空间的熵密度

$$S_{vp} = -k f_1(\boldsymbol{x}, t) \ln \frac{f_1(\boldsymbol{x}, t)}{f_{10}(\boldsymbol{x})} \tag{6.2.13}$$

或

$$S_B(t) = -k \int f_1(\boldsymbol{x}, t) \ln f_1(\boldsymbol{x}, t) d\boldsymbol{x} = \int S_{vp} d\boldsymbol{x} \tag{6.2.14}$$

$$S_{vp} = -k f_1(\boldsymbol{x}, t) \ln f_1(\boldsymbol{x}, t) \tag{6.2.15}$$

将式（6.2.12）两边对时间t求偏导数并代入单粒子约化概率密度方程式（3.1.8）及其平衡态方程，得6维相空间的非平衡熵的变化率为

$$\frac{\partial S_B}{\partial t} = \int \frac{\partial S_{vp}}{\partial t} d\boldsymbol{x} = -k \int \left\{ \left[\frac{\partial f_1}{\partial t} \left(\ln \frac{f_1}{f_{10}} + 1 \right) \right] - \frac{f_1}{f_{10}} \frac{\partial f_{10}}{\partial t} \right\} d\boldsymbol{x}$$

$$= -\int [\nabla_{q_1} \cdot (J_{\text{st}} + J_{\text{sd}} + J_{vp}) - \sigma_B] d\boldsymbol{x} \tag{6.2.16}$$

6维相空间的熵密度衡算方程为

$$\frac{\partial S_{vp}}{\partial t} = -\nabla_{q_1} \cdot (J_{\text{st}} + J_{\text{sd}} + J_{vp}) + \sigma_B \tag{6.2.17}$$

于是可得6维相空间的非平衡熵密度演化方程为

$$\frac{\partial S_{vp}}{\partial t} = -\nabla_{q_1} \cdot (vS_{vp} + J_{vp}) + D\nabla_{q_1}^2 S_{vp} + \frac{D}{kf_1} [(\nabla_{q_1} \ln f_1) S_{vp} - \nabla_{q_1} S_{vp}]^2 \tag{6.2.18}$$

其中，v 为粒子速度，$v = p/m$；∇_{q_1} 中的 q_1 为粒子的 3 维坐标向量 q，即 $\nabla_{q_1} = \nabla_q$。

漂移熵流密度为

$$J_{st} = v S_{vp} \tag{6.2.19}$$

扩散熵流密度为

$$J_{sd} = -D \nabla_{q_1} S_{vp} \tag{6.2.20}$$

两粒子相互作用位能引发的 6 维相空间的熵流密度 J_{vp} 满足

$$-\nabla_{q_1} \cdot J_{vp} = Nk \int (\nabla_q \phi) \cdot \left\{ \frac{f_1(x,t)}{f_{10}(x)} \nabla_p f_{20}(x,x_1) - \nabla_p f_2(x,x_1,t) \left[1 + \ln \frac{f_1(x,t)}{f_{10}(x)}\right] \right\} dx_1 \tag{6.2.21}$$

熵产生密度为

$$\sigma_B = kDf_1 \left(\nabla_{q_1} \ln \frac{f_1}{f_{10}}\right)^2 = \frac{D}{kf_1} [(\nabla_{q_1} \ln f_1) S_{vp} - \nabla_{q_1} S_{vp}]^2 \tag{6.2.22}$$

将式（6.2.18）两边对 3 维动量空间积分，得 3 维空间的非平衡熵密度演化方程为

$$\frac{\partial S_V}{\partial t} = -\nabla_{q_1} \cdot (C S_V + J_V) + D \nabla_{q_1}^2 S_V + \frac{D}{k} \int \frac{1}{f_1} [(\nabla_{q_1} \ln f_1) S_{vp} - \nabla_{q_1} S_{vp}]^2 dp \tag{6.2.23}$$

其中，$S_V = \int S_{vp} dp$ 为 3 维空间熵密度；$J_V = \int J_{vp} dp$ 为两粒子相互作用位能引发的 3 维空间的熵流密度；C 为熵流平均漂移速度。

这里应该指出，式（6.1.4）中的 ∇_q 有别于式（6.2.23）和式（6.2.18）中的 ∇_{q_1}，因为 $q = (q_1, q_2, \cdots, q_N)$ 是一组向量，而 q_1 仅是一个向量。

6.3 查理斯非平衡熵演化方程

根据式（5.5.4），查理斯 $6N$ 维相空间的非平衡熵密度为

$$S_{qX}(t) = k \frac{\rho - \rho_0 (\rho/\rho_0)^q}{q-1} \tag{6.3.1}$$

将式（5.5.4）两边对时间 t 求偏导数并代入刘维尔扩散方程式（2.5.7）和式（6.2.1），得 $6N$ 维相空间的查理斯非平衡熵密度演化方程

$$\frac{\partial S_{qX}}{\partial t} = -\nabla_X \cdot (\dot{X} S_{qX}) + D \nabla_q^2 S_{qX} + kqD \rho_0^{1-q} \rho^q \left(\nabla_q \ln \frac{\rho}{\rho_0}\right)^2 \tag{6.3.2}$$

注意：式（6.3.1）和式（6.3.2）中的标量 q 有别于 ∇_q 中的 q，q 是查理斯熵的乘方数，而算符 ∇_q 下角标的 q 是一组向量，$q = (q_1, q_2, \cdots, q_N)$。

6.4 信息熵演化方程

根据式（5.6.3），信息非平衡熵密度为

$$S_{Ia}(t) = -p(a,t)\ln\frac{p(a,t)}{p_m(a)} \tag{6.4.1}$$

将式（6.4.1）两边对时间 t 求偏导数并代入福克-普朗克方程式（5.6.1）和其平衡态方程，得信息熵演化方程为

$$\frac{\partial S_I}{\partial t} = -\nabla_a(AS_I) + \nabla_a^2(BS_I) + \frac{B}{p}[(\nabla_a\ln p)S - \nabla_a S_I]^2 \tag{6.4.2}$$

其中，a 为态变量。

式（6.1.4）、式（6.2.7）、式（6.2.18）、式（6.3.2）、式（6.4.2）是著者首次从理论上推导出的 5 种非平衡熵演化方程。它们的形式相同，式（6.1.4）、式（6.2.7）、式（6.2.18）和式（6.4.2）揭示了非平衡熵密度随时间的变化率（左边）是由其在空间的漂移（流动）（右边第一项）、扩散（右边第二项）和产生（右边第三项）三者共同引起的；而式（6.3.2）则揭示了查理斯非平衡熵演化方程是一个非均匀的复杂方程，它的熵密度随时间的变化率是由漂移、扩散和产生（$q>0$）或消失（$q<0$）或不变（$q=0$）三者引起的。这些表明，熵作为重要的广延物理量，在非平衡统计热力学系统中，其密度分布总是不均匀的、非平衡的、随时空变化的。它的运动形式与质量、动量及能量相同，既有漂移，也有典型的扩散，即非平衡系统的熵总要从高密度区向低密度区扩散。因为熵表示系统的无序度，所以非平衡熵演化方程式（6.1.4）、式（6.2.7）和式（6.2.18）就表示非平衡系统的局域无序总是在产生、漂移和扩散。熵产生（熵增加）、熵扩散、质量扩散、黏滞流和热传导都是宏观不可逆性或时间方向性的具体表现，它们共同的微观起源则是粒子的随机扩散运动。

非平衡熵演化方程式（6.1.4）、式（6.2.7）和式（6.2.18）描述了非平衡熵的演化规律和非平衡系统的演化过程，在非平衡熵理论中起着核心作用，其重要性见本书的第 7 章~第 9 章，这里先给予它一个简要概述。等式[式（6.1.4）、式（6.2.7）和式（6.2.18）]右边第三项的熵增加，给出了一个传统熵增加定律的简明统计公式，即式（7.0.6）和式（7.0.9）。等式右边第二项的熵扩散使人们认识到，系统趋向平衡

的过程就是熵从高密度区向低密度区扩散,并最后导致整个系统熵密度达到均匀分布、总熵达到极大的过程。

原则上讲,可由非平衡熵演化方程解得熵密度在时空的分布,但由于式(6.1.4)、式(6.2.7)和式(6.2.18)是一个非封闭的非线性偏微分方程,因此严格求解较为困难。

第 7 章
熵产生率公式

熵增加定律，即熵表述的热力学第二定律，是自然界的基本定律之一。它不仅在物理学中具有重要意义，而且在宇宙学、化学和生物学等领域都发挥着重要作用。该定律自提出以来，经一百多年的研究，人们至今对其仍知之甚少。它的微观物理基础是什么？由哪几个物理量决定？可否如玻尔兹曼公式 $S = k\ln W$ 那样由一个简明公式表达？这些问题始终是非平衡态统计物理中待解决的核心课题。近些年，著者推导出了 $6N$ 维和 6 维相空间的熵产生率统计公式，即熵增加定律统计公式。作为其应用，本章利用此公式计算和讨论了一些实际非平衡态和定态物理课题。

根据式（6.2.11）和式（6.2.22），非平衡系统在 $6N$ 维和 6 维相空间的熵产生率，即单位时间产生的熵的表达式为

$$P_{\mathrm{G}} \equiv \frac{\mathrm{d}_i S_{\mathrm{G}}}{\mathrm{d}t} = \int \sigma_{\mathrm{G}} \mathrm{d}\Gamma = kD \int \rho \left(\boldsymbol{\nabla}_q \ln \frac{\rho}{\rho_0}\right)^2 \mathrm{d}\Gamma \tag{7.0.1}$$

$$P_{\mathrm{B}} \equiv \frac{\mathrm{d}_i S_{\mathrm{B}}}{\mathrm{d}t} = \int \sigma_{\mathrm{B}} \mathrm{d}\boldsymbol{x}_1 = kD \int f \left(\boldsymbol{\nabla}_{q_1} \ln \frac{f}{f_0}\right)^2 \mathrm{d}\boldsymbol{x}_1 \tag{7.0.2}$$

式（7.0.1）和式（7.0.2）实际上就是非平衡熵演化方程式（6.2.7）和式（6.2.18）右边的熵产生项。

注意：式（7.0.2）中的 $f = f_1$，下同。

这里再次指出，式（7.0.1）和式（7.0.2）右边的算符 $\boldsymbol{\nabla}_q$ 与式（6.2.7）和式（6.2.18）右边的算符 $\boldsymbol{\nabla}_q^2$ 的下角标是位置 q，而不是动量 p 或其他物理参量。它正确反映了熵产生、熵扩散和质量扩散等都发生在坐标空间，而非动量空间或其他参量空间。

现在从式（7.0.1）和式（7.0.2）出发导出熵产生率，即熵增加定律的简明统计公式。

先从式（7.0.1）开始。参考固体材料在复杂应力条件下的应变或延伸率的定义

$\varepsilon = \ln(l/l_0)$,定义一个新的非平衡系统物理参量,即非平衡系统在 $6N$ 维相空间系综概率密度的离开平衡率为

$$\theta = \ln\frac{\rho}{\rho_0} \approx \frac{\Delta\rho}{\rho_0} \tag{7.0.3}$$

引入 $6N$ 维相空间的平衡态和非平衡态总的微观状态 W_0 和 W 及微观状态数密度 ω_0 和 ω,各满足 $W\rho = \omega$ 和 $W_0\rho_0 = \omega_0$,则式(7.0.3)中 θ 变为

$$\theta = \ln\frac{\rho}{\rho_0} = \ln\frac{\omega W_0}{\omega_0 W} \tag{7.0.4}$$

式(7.0.4)又可定义为非平衡系统在 $6N$ 维相空间微观状态数密度的离开平衡率。由于微观状态数可表示系统的无序度,故 θ 又可理解为非平衡系统无序度密度的离开平衡率。为简化起见,以下简称 θ 为离开平衡率。

注意:式(7.0.3)和式(7.0.4)中后一等式仅当 $\frac{\Delta\rho}{\rho_0} \ll 1$ 和 $\frac{\Delta\omega}{\omega_0} \ll 1$ 时才成立,因 $\nabla_q W_0 = \nabla_q W = 0$,故离开平衡率的空间(即坐标空间,下同)梯度为

$$\nabla_q \theta = \nabla_q \ln\frac{\rho}{\rho_0} = \nabla_q \ln\frac{\omega}{\omega_0} \tag{7.0.5}$$

将式(7.0.5)代入式(7.0.1),则得系统在 $6N$ 维相空间的熵产生率为

$$P_G = kD \int \rho \left(\nabla_q \ln\frac{\omega}{\omega_0}\right)^2 d\Gamma = kD \int \rho (\nabla_q \theta)^2 d\Gamma = kD \overline{(\nabla_q \theta)^2}$$

即

$$P_G = kD \overline{(\nabla_q \theta)^2} \geq 0 \tag{7.0.6}$$

其中,$\overline{(\nabla_q \theta)^2} = \int \rho(\nabla_q \theta)^2 d\Gamma$ 为系统离开平衡率的空间梯度平方的平均值。

同样,可定义非平衡系统在 6 维相空间的离开平衡率为

$$\theta_b = \ln\frac{f}{f_0} = \ln\frac{\omega_b}{\omega_{b0}} \tag{7.0.7}$$

其中,ω_{b0} 和 ω_b 为 6 维相空间的平衡态和非平衡态微观状态数密度。离开平衡率的空间梯度为

$$\nabla_{q_1} \theta_b = \nabla_{q_1} \ln\frac{f}{f_0} = \nabla_{q_1} \ln\frac{\omega_b}{\omega_{b0}} \tag{7.0.8}$$

将式(7.0.8)代入式(7.0.2),则得系统在 6 维相空间的熵产生率为

$$P_B = kD \int f \left(\nabla_{q_1} \ln\frac{\omega_b}{\omega_{b0}}\right)^2 d\boldsymbol{x}_1 = kD \int f(\nabla_{q_1}\theta_b)^2 d\boldsymbol{x}_1 = kD \overline{(\nabla_{q_1}\theta_b)^2}$$

即
$$P_\mathrm{B} = kD \overline{(\nabla_{q_1}\theta_b)^2} \geq 0 \tag{7.0.9}$$

其中，$\overline{(\nabla_{q_1}\theta_b)^2} = \int f(\nabla_{q_1}\theta_b)^2 \mathrm{d}\boldsymbol{x}_1$ 为系统离开平衡率的空间梯度平方的平均值。

当系统处于统计独立态，即 $\rho(\boldsymbol{X},t) = f(\boldsymbol{x}_1,t)f(\boldsymbol{x}_2,t)\cdots f(\boldsymbol{x}_N,t)$，则
$$P_\mathrm{G} = NkD \overline{(\nabla_{q_1}\theta_b)^2} = NP_\mathrm{B} \geq 0 \tag{7.0.10}$$

式（7.0.6）和式（7.0.9）就是从非平衡熵演化方程式（6.2.7）和式（6.2.18）求得的 $6N$ 维和 6 维相空间的熵产生率的简明统计公式，即孤立系统的熵只增不减的熵增加定律的简明统计公式。它指明，熵产生率 P 等于扩散系数 D、离开平衡率的空间梯度平方的平均值 $\overline{(\nabla_q\theta)^2}$ 与玻尔兹曼常数 k 三者的乘积。可见，具有随机扩散运动（$D \neq 0$）且在空间非均匀离开平衡（$\nabla_q\theta \neq 0$）的非平衡（$\theta \neq 0$）物理系统，熵总是在产生（$P > 0$）。反之，系统处于平衡态（$\theta = 0$），或虽是非平衡态但却是空间均匀的（$\nabla_q\theta = 0$），或只有确定性而无随机性运动（$D = 0$）时，它都没有熵产生（$P = 0$）。这里需要强调，根据式（7.0.6）和式（7.0.9），仅当内部粒子具有随机扩散运动时，统计热力学系统的熵才可能增加；粒子只有确定性而无随机性运动的系统，其熵是不随时间增加的，即粒子的随机扩散运动是熵产生的微观起源，这显示了熵产生的耗散特性。容易看出，系统在空间非均匀离开平衡，即微观状态数密度离开平衡率的空间梯度，在决定熵产生时，比离开平衡率更为重要，它是熵产生的微观基础。结合这两者，就会理解：系统的微观状态数密度在空间随机地、不均匀地离开平衡是其宏观熵产生的微观物理基础。

式（7.0.6）和式（7.0.9）明确告知：一个非平衡物理系统的熵产生率仅由扩散系数 D 和离开平衡率 θ 两个物理参量（不包括已知常数 k）决定。只要知道了 D 和 θ，就可以定量地计算系统的熵产生率。扩散系数 D 是既可由理论计算出，也可由实验测量出的物理量。离开平衡率 θ，这个新定义的物理参量的引入，不仅使熵产生率公式更加简单明了，而且类似描述变形固体的应变，借助它可以定量描述非平衡系统离开平衡态程度的物理参量。比较玻尔兹曼公式与熵产生率式（7.0.6）和式（7.0.9）可发现，前者表示系统的宏观熵是由微观状态数决定的，后者指明非平衡系统的宏观熵的产生是由其微观状态数密度在空间随机地、不均匀地离开平衡引起的。两种有关宏观熵的简明统计公式都与微观状态数有关，都在宏观和微观间建立了一座桥梁。

还需指出，从式（7.0.6）和式（7.0.9）表述的熵增加定律可知，孤立系统的时

间箭头（方向性）总是指向熵增加的方向，且箭头的速率由熵增加率决定。

最后，顺便指出，由式（7.0.1）还可得到最小熵产生定理。

7.1 非平衡态熵产生率

现在利用熵产生率统计公式（7.0.9）计算和讨论下列几个非平衡物理课题。为简化计算，仅讨论一维课题。

若略去两个粒子间的相互作用，包含两个粒子概率密度的项就为零，则单粒子概率密度的动力学方程式（3.1.18）就变为标准的福克–普朗克方程。7.1 节和 7.2 节的讨论都基于此方程。

1. 理想气体绝热自由膨胀

理想气体绝热自由膨胀的熵变化在平衡态热力学中已是一个经典例题，但平衡态热力学方法仅有达到平衡态终点的结果，不能给出非平衡变化过程中瞬态的熵产生率和熵产生。

根据非平衡态统计物理的观点，理想气体的绝热自由膨胀过程可视为气体自扩散过程。为便于计算，假定气体的容器是一个圆柱体，其长度和截面相比足够大，因此可近似将其视为是一个无限长的底面为单位截面的圆柱体。这样，气体在圆柱体中的扩散膨胀就可简化成一维问题。开始时，气体被隔板限制在圆柱体的左半部（坐标 $q<0$），右半部（$q>0$）是空的；迅速抽去隔板后，气体即向右半部自由膨胀扩散。若用 $C(q,t)$ 表示扩散 t 时在 q 处的气体浓度，则由解一维扩散方程可得

$$C(q,t) = \frac{C_0}{2}\left[1 - \mathrm{erf}\left(\frac{q}{2\sqrt{Dt}}\right)\right] \tag{7.1.1}$$

显然，式（7.1.1）满足起始条件 $t=0$ 时

$$C = \begin{cases} C_0, & q<0 \\ 0, & q>0 \end{cases}$$

其中，C_0 为起始时气体在圆柱体左半部的浓度；$\mathrm{erf}\left(\dfrac{q}{2\sqrt{Dt}}\right)$ 为误差函数。当 $t\to\infty$ 时，任意 q 处的 $C=\dfrac{C_0}{2}$，气体达到均匀平衡态。

由式（7.1.1）得 t 时在 q 处找到气体粒子的概率为

$$w(q,t) = 1 - \mathrm{erf}\left(\frac{q}{2\sqrt{Dt}}\right)$$

概率密度为

$$f(q,t) = \frac{dw}{dq} = \frac{1}{\sqrt{\pi Dt}}\exp\left(-\frac{q^2}{4Dt}\right) \tag{7.1.2}$$

显然，$f(q,t)$ 满足归一化条件 $\int_0^\infty f(q,t)\,dq = 1$。

平衡态的概率密度为

$$f_0(q) = 常数 \tag{7.1.3}$$

将式 (7.1.2) 和式 (7.1.3) 代入式 (7.0.7) 得到 $\theta_b = \ln[f(q,t)/f_0(q)]$，然后代入式 (7.0.9) 后得到熵产生率为

$$P_B = kD\int_0^\infty f\left(\frac{\partial \theta_b}{\partial q}\right)^2 dq = kD\int_0^\infty f(q,t)\left[\frac{\partial}{\partial q}\ln\frac{f(q,t)}{f_0(q)}\right]^2 dq = \frac{k}{t} \tag{7.1.4}$$

t 时的熵产生为

$$\Delta_i S = \int_0^t P_B\,dt = k\int_0^t \frac{dt}{t} \tag{7.1.5}$$

由式 (7.1.4) 和式 (7.1.5) 可见，当 $t=0$ 时，P_B 和 $\Delta_i S$ 都为无限大。这是因为式 (7.1.1) 表示的浓度，在 $t=0$ 时，$q=0$ 处取值为无限大。实际情况是 $t=0$ 时系统未发生变化，熵产生 $\Delta_i S = 0$，熵产生率 P_B 是一个有限值。要满足此起始条件，式 (7.1.4) 和式 (7.1.5) 应修改为

$$P_B = \frac{k}{t_0 + t} \tag{7.1.6}$$

$$\Delta_i S = k\ln\frac{t_0 + t}{t_0} \tag{7.1.7}$$

其中，常数 t_0 为气体在 $t=0$ 以前已在左半部膨胀扩散的时间。由平衡态统计热力学可知，$t=0$ 时气体在左半部体积 V_1 中的熵 $S_1 \sim k\ln V_1 = k\ln(\gamma t_0)$，$\gamma$ 为另一常数，其物理意义相当于气体在圆柱体内单位时间平均膨胀扩散的体积。可见 $t_0 = V_1/\gamma$，将其代入式 (7.1.6) 和式 (7.1.7)，则得气体膨胀扩散 t 时单个粒子的熵产生率、它的时间变化率和熵产生为

$$P_B = \frac{\gamma k}{V_1 + \gamma t} \tag{7.1.8}$$

$$\frac{\partial P_B}{\partial t} = -\frac{\gamma^2 t}{(V_1 + \gamma t)^2} \leq 0 \tag{7.1.9}$$

$$\Delta_i S = k\ln\frac{V_1 + \gamma t}{V_1} \tag{7.1.10}$$

设 t_f 为系统达到平衡态所需的时间，则这时 N 个粒子的熵产生率、它的时间变化率和熵产生为

$$P_B^N = \frac{N\gamma k}{V_1 + \gamma t_f} \approx 0 \tag{7.1.11}$$

$$\frac{\partial P_B}{\partial t} = -\frac{N\gamma^2 k}{(V_1 + \gamma t_f)^2} \approx 0 \tag{7.1.12}$$

$$\Delta_i S^N = Nk\ln\frac{V_1 + \gamma t_f}{V_1} = Nk\ln\frac{V_2}{V_1} = Nk\ln 2 \tag{7.1.13}$$

其中，$V_2 = V_1 + \gamma t_f = 2V_1$ 为圆柱体左右两半部的总体积。式（7.1.11）和式（7.1.12）后一等式之所以有效是因为 t_f 可看成很大。式（7.1.13）正是平衡态统计热力学的结果，然而，式（7.1.11）的平衡态熵产生率公式与式（7.1.8）~式（7.1.10）给出的任何 t 时非平衡态熵产生及其一次和二次的时间变化率却是平衡态统计热力学所没有的。式（7.1.9）则是本课题最小熵产生定理的表达式。

2. 布朗运动

布朗运动是非平衡统计物理中的一个典型课题。若 $f(q,t)$ 为 t 时在位置 q 和 $q + \mathrm{d}q$ 间找到一维布朗粒子的概率密度，通过求解一维福克 – 普朗克方程可得

$$f(q,t) = [\pi a(t)]^{-1/2}\exp\{-[q - b(t)]^2/a(t)\} \tag{7.1.14}$$

其中

$$a(t) = a_m(1 - \mathrm{e}^{-2\beta t}) + a_0\mathrm{e}^{-2\beta t}$$

$$a_m = \frac{2D}{\beta}, b(t) = b_0\mathrm{e}^{-\beta t}$$

式中，β 是阻力系数；a_0 和 b_0 是两个起始常数。

平衡态概率密度为

$$f_0(q) = (\pi a_m)^{-1/2}\exp\left(-\frac{q^2}{a_m}\right) \tag{7.1.15}$$

显然，$f(q,t)$ 满足归一化条件 $\int_{-\infty}^{\infty} f(q,t)\mathrm{d}q = 1$。

将式（7.1.14）和式（7.1.15）代入式（7.0.7）和式（7.0.9），则得布朗运动系统 t 时的 θ_b 和熵产生率为

$$P_B = kD\int_{-\infty}^{\infty} f\left(\frac{\partial \theta_b}{\partial q}\right)^2 \mathrm{d}q = k\beta\left[\frac{2b^2(t)}{a_m} + \frac{a(t)}{a_m} + \frac{a_m}{a(t)} - 2\right] \geq 0 \tag{7.1.16}$$

t 时熵产生率的时间变化率为

$$\frac{\partial P_B}{\partial t} = -2k\beta^2 \left[\frac{2b^2(t)}{a_m} + \frac{a(t)}{a_m} + \frac{a_m^2}{a^2(t)} - \frac{a_m}{a(t)} - 1 \right] \leqslant 0 \tag{7.1.17}$$

其中

$$\frac{a(t)}{a_m} + \frac{a_m^2}{a^2(t)} - \frac{a_m}{a(t)} - 1 = \left[\sqrt{\frac{a(t)}{a_m}} - \sqrt{\frac{a_m}{a(t)}} \right]^2 + \left[\frac{a_m}{a(t)} - 1 \right]^2$$

布朗运动系统于 t 时的熵产生为

$$\Delta_i S = \int_0^t P_B \mathrm{d}t = \frac{kb_0^2}{a_m}(1 - \mathrm{e}^{-2\beta t}) + \frac{k}{2}(\mathrm{e}^{-2\beta t} - 1) + \frac{ka_0}{2a_m}(1 - \mathrm{e}^{-2\beta t}) + \\ \frac{k}{2} \ln \frac{a_m + (a_0 - a_m)\mathrm{e}^{-2\beta t}}{a_0} \geqslant 0 \tag{7.1.18}$$

由式 (7.1.16) ~ 式 (7.1.18) 得布朗运动系统于起始态 $t = 0$ 时的熵产生率，以及它的时间变化率和熵产生为

$$\begin{cases} P_B = k\beta \left(\dfrac{2b_0^2}{a_m} + \dfrac{a_0}{a_m} + \dfrac{a_m}{a_0} - 2 \right) > 0 \\ \dfrac{\partial P_B}{\partial t} = -2k\beta^2 \left(\dfrac{2b_0^2}{a_m} + \dfrac{a_0}{a_m} + \dfrac{a_m^2}{a_0^2} - \dfrac{a_m}{a_0} - 1 \right) < 0 \\ \Delta_i S = 0 \end{cases} \tag{7.1.19}$$

布朗运动系统于最后平衡态 $t = t_f \geqslant \beta^{-1}$ 的熵产生率，以及它的时间变化率和熵产生为

$$\begin{cases} P_B = 0 \\ \dfrac{\partial P_B}{\partial t} = 0 \\ \Delta_i S = \dfrac{kb_0^2}{a_m} + \dfrac{k}{2} \left(\dfrac{a_0}{a_m} - \ln \dfrac{\mathrm{e}a_0}{a_m} \right) > 0 \end{cases} \tag{7.1.20}$$

由式 (7.1.16) ~ 式 (7.1.20) 可见，始态熵产生率 $P_B > 0$，它的时间变化率 $\dfrac{\partial P_B}{\partial t} < 0$ 和熵产生 $\Delta_i S = 0$；终态的 $P_B = 0$，$\dfrac{\partial P_B}{\partial t} = 0$ 和 $\Delta_i S > 0$；其他任何时间（$0 < t < \infty$）的 $P_B > 0$，$\dfrac{\partial P_B}{\partial t} < 0$ 和 $\Delta_i S > 0$。式 (7.1.17) 正是布朗运动系统最小熵产生定理的表达式。这些结果在物理上是合理的。

从上述理想气体绝热自由膨胀和布朗运动两课题可以看出，将式 (7.0.1) 和式

(7.0.2) 简化成式 (7.0.6) 和式 (7.0.9) 并未使实际计算变得简单。似乎这种简化并无实际优势。然而，通过下列课题的定量讨论可以发现，引入 θ 不仅可以使熵产生率公式显得简单明了，还可直接推导出新的理解和推论。

3. 固体变形和断裂

固体受外应力作用时即发生弹性和塑性形变。前者是可逆的，后者是不可逆的。对于这两个过程，特别是后一过程的熵变化，目前的研究仍然有限。著者也无法在此提供定量的理论结果，只从式 (7.0.6) 和式 (7.0.9) 出发，尝试得出新的定性推论。

根据式 (7.0.6) 和式 (7.0.9)，微观状态数密度离开平衡率的空间梯度 $\nabla_q \theta$，即对应的微观结构在空间非均匀离开平衡，是非平衡不可逆过程熵产生的微观基础。由此可推导出，不可逆过程的系统内对应的微观结构变化是不均匀的。以此推论来看弹性形变，由于它是可逆的、均匀变形的，因此应不产生熵。通过实验也可以验证，纯弹性切变的固体（无体积变化）其熵不变。以此推论来看塑性形变，由于它是不可逆过程，必然有熵产生，因此其微观结构变化是不均匀的。实验证明，即使是高纯度的单晶体在经过塑性形变后，其表面滑移线会集中成滑移带，而其内部位错滑移的分布也总是不均匀的。长期以来，这种滑移不均匀现象难以解释，但基于本章的熵产生率式 (7.0.6) 和式 (7.0.9) 的新推论，这一现象变得清晰明了。

实际上，作为不可逆过程，不只固体的塑性形变，与其同时或稍晚发生的断裂过程，其微观结构变化同样呈现出不均匀性，其典型表现是导致断裂的微裂纹的成核、长大和传播总是不均匀的。这种微裂纹演化的不均匀性也验证了式 (7.0.6) 和式 (7.0.9) 所推导出的结论。

由此可见，对于所有复杂的演化系统，其微观结构变化为何呈现出不均匀性，均可根据此推论作出定性的统一解释。

7.2 定态熵产生率

宏观系统的定态和平衡态的共性是它们的宏观态都不随时间变化，而其差别则是定态存在宏观流，平衡态则没有宏观流。若使用熵语言描述，则它们的特性为，定态存在熵产生和熵流，平衡态则没有熵产生和熵流。两种系统的总熵任何时候都不变化。

1. 定态公式

由一维福克－普朗克方程出发推导出定态熵产生率统计公式。按照定态和平衡态的定义，$\frac{\partial f(q)}{\partial t} = -\frac{\partial J}{\partial q} = 0$，其中，概率流

$$J = K(q)f(q) - D\frac{\partial f(q)}{\partial q} \tag{7.2.1}$$

为常数。在平衡态 $J=0$，系统的概率密度为

$$f_0(q) = n_0 \exp\left[\frac{1}{D}\int_0^q K(q')dq'\right] = n_0 \exp[-\phi(q)] \tag{7.2.2}$$

其中

$$\phi(q) = -\frac{1}{D}\int_0^q K(q')dq'$$

在定态，$J \neq 0$，系统的概率密度为

$$f_{st}(q) = n\exp[-\phi(q)] - \frac{J}{D}\exp[-\phi(q)]\int_0^q \exp[\phi(q')]dq' \tag{7.2.3}$$
$$= n(q)\exp[-\phi(q)]$$

其中，n_0 和 n 为归一化常数。当 $J=0$ 时，系统由定态 [式 (7.2.3)] 回到平衡态 [式 (7.2.2)]。

将式 (7.2.2) 和式 (7.2.3) 代入式 (7.0.7) 和式 (7.0.9)，则得定态的 θ_b 和熵产生率为

$$P_B = kD\int_0^L f_{st}(q)\left(\frac{\partial \theta_b}{\partial q}\right)^2 dq = kD\int_0^L f_{st}(q)\left[\frac{\partial}{\partial q}\ln\frac{f_{st}(q)}{f_0(q)}\right]^2 dq$$
$$= \frac{kJ^2}{D}\int_0^L \frac{dq}{f_{st}(q)} = kJ\left[-\phi(L) + \ln\frac{f_{st}(0)}{f_{st}(L)}\right]$$

即

$$P_B = kJ\left[-\phi(L) + \ln\frac{f_{st}(0)}{f_{st}(L)}\right] \geq 0 \tag{7.2.4}$$

在得到式 (7.2.4) 最后等式时，利用了下列积分结果

$$\int_0^L \frac{dq}{f_{st}(q)} = \int_0^L \frac{\exp[\phi(q)]dq}{n - \frac{J}{D}\int_0^q \exp[\phi(q')]dq'}$$

$$= -\frac{D}{J}\left[\phi(L) + \ln\frac{n\exp[-\phi(L)] - \frac{J}{D}\exp[-\phi(L)]\int_0^L \exp[\phi(q)]dq}{n}\right]$$

其中，L 为概率流 J 流过的空间长度 $[0, L]$；$f_{st}(L)$ 和 $f_{st}(0)$ 为边界 $q=L$ 和 $q=0$ 处的概率密度。

式（7.2.4）正是本章从福克-普朗克方程出发推导出的一维定态系统熵产生率的特殊统计公式。它指明定态系统的熵产生率正比于其概率流。若 $J=0$，则 $P_B=0$。这证明只有概率流不为零的定态系统，其熵产生率才为正；而概率流为零的定态系统，实际上是平衡态，它们的熵产生率只能为零。这里应指出，虽然式（7.2.4）是一维的，但不难将其推广至 2 维和 3 维定态系统。下文讨论有无宏观外力作用的两个定态系统，并分析如何计算 J，f_{st} 和 P_B 的实际表达式。

2. 原子定向扩散

在常外力作用下的原子定向扩散系统是一个典型的定态系统。当系统无外力作用时，原子扩散过程遵守扩散方程，不存在定向运动。然而，当原子系统受到常外力 F 作用时，就产生了定向扩散，这时原子平均定向扩散速度为

$$K = V = \frac{DF}{kT} \tag{7.2.5}$$

原子系统的这种迁移过程可由福克-普朗克方程描述。将式（7.2.5）代入式（7.2.3），并利用归一化条件 $\int_0^L f_{st}(q)\,\mathrm{d}q = 1$，则得概率密度为

$$f_{st}(q) = \left(n - \frac{J}{V}\right)\exp\left(\frac{qV}{D}\right) + \frac{J}{V} \tag{7.2.6}$$

归一化常数为

$$n = \left(\frac{V - JL}{D}\right)\left[\exp\left(\frac{VL}{D}\right) - 1\right]^{-1} + \frac{J}{V} \tag{7.2.7}$$

概率流为

$$J = \bar{n} V \tag{7.2.8}$$

其中，$\bar{n}$ 为单位长度的平均原子数，它可定义为

$$\bar{n} = \int_0^L n(q) f_{st}(q)\,\mathrm{d}q \tag{7.2.9}$$

将式（7.2.3）和式（7.2.6）代入式（7.2.9），并与式（7.2.7）联解，则得概率流的表达式

$$J \approx \frac{V}{\mu L} = \frac{DF}{\mu L k T} \tag{7.2.10}$$

其中，μ 为常数，$\mu = 1.61$。将式（7.2.10）代入式（7.2.6）和式（7.2.7），再将其结果代入式（7.2.4）并利用式（7.2.5），则得原子定向扩散系统的熵产生率

$$P_B = kJ\left[\frac{FL}{kT} - \ln\frac{f_{st}(L)}{f_{st}(0)}\right] > 0 \tag{7.2.11}$$

其中

$$\ln\frac{f_{st}(L)}{f_{st}(0)} = \ln\left\{\frac{\frac{\lambda F}{kT}\exp\left(\frac{FL}{kT}\right) + \frac{1}{L}\left[\exp\left(\frac{FL}{kT}\right) - 1\right]}{\frac{\lambda F}{kT} + \frac{1}{L}\left[\exp\left(\frac{FL}{kT}\right) - 1\right]}\right\}$$

其中，λ 为常数，$\lambda = 0.38$。由式（7.2.10）和式（7.2.11）可见，原子定向扩散系统的熵产生率随外力和扩散系数变化。当外力 $F = 0$ 或扩散系数 $D = 0$ 时，则概率流 $J = 0$，因而熵产生率 $P_B = 0$。

3. 分子马达

分子马达在生命过程中起着重要作用，它可高效直接地将化学能转换成机械能。与 7.1 节中由外力引起的原子定向扩散相比，分子马达的定向运动是在没有宏观外力作用的条件下进行的。定向运动的机理引起了生物学家和物理学家的兴趣，并提出了各种模型。这里利用布朗马达的周期摇摆力模型计算分子马达的熵产生率。在这种模型中，分子马达看作受三种力驱动的布朗粒子。这三种力是空间不对称的周期势、时间周期力和高斯白噪声。前两种力起源于分子马达系统本身，第三种力来自环境。若 q 表示分子马达的状态，则得

$$\dot{q} = -\frac{\partial}{\partial q}[U(q) - qV(t)] + \eta(t) = K(q) + \eta(t) \tag{7.2.12}$$

其中，$U(q)$ 为空间不对称的周期势，$U(q) = -\frac{1}{2\pi}\left[\sin(2\pi q) + \frac{1}{4}\sin(4\pi q)\right]$；$V(t)$ 为时间周期力，$V(t) = A\sin(\omega t)$；$\eta(t)$ 为高斯白噪声。正如所希望的，$\frac{\partial}{\partial q}U(q)$ 的空间平均与 $V(t)$ 的时间平均为零。因 $V(t)$ 随时间变化，与朗之万方程式（7.2.12）等价的福克-普朗克方程不存在定态解。为此令 $\omega \ll 1$，则 $V(t)$ 随 t 变化很慢。这样，系统存在准定态解，其概率流可由式（7.2.1）近似求出。将 $K(q) = \cos(2\pi q) + \frac{1}{2}\cos(4\pi q) + A\sin(\omega t)$ 代入式（7.2.1）和式（7.2.3），并利用边界条件 $f_{st}(L) = f_{st}(0)$ 和归一化条件 $\int_0^L f_{st}(q)\mathrm{d}q = 1$，可得准定态系统的概率流为

$$J = D\left\{\left[1 - \exp\left(-\frac{LA}{D}\sin(\omega t)\right)\right]^{-1}\int_0^L \mathrm{d}q\int_0^L \mathrm{d}q'\exp[\phi(q,t) - \phi(q',t)] - \int_0^L \mathrm{d}q\int_0^q \mathrm{d}q'\exp[\phi(q't) - \phi(q,t)]\right\}^{-1} = DJ_d \tag{7.2.13}$$

其中，$\phi(q,t) = [U(q) - qA\sin(\omega t)]/D$；$L$ 为空间周期，$L = 1$。

准定态系统的概率密度为

$$f_{st}(q) = \frac{J}{D}\exp[-\phi(q,t)]\left\{\left[1-\exp\left(-\frac{LA}{D}\sin(\omega t)\right)\right]^{-1}\int_0^L \exp[\phi(q,t)]dq - \int_0^q \exp[\phi(q't)dq']\right\}$$

(7.2.14)

将 $V(t)$，$\phi(L)$，J 和 $f_{st}(L) = f_{st}(0)$ 代入式（7.2.4），则得准定态的分子马达的熵产生率为

$$P_B = \frac{kJLA\sin(\omega t)}{D} = kJ_d LV(t)$$

(7.2.15)

式（7.2.15）指明熵产生率 P_B 正比于 $J/D = J_d$ 和 $V(t) = A\sin(\omega t)$。因 J_d 随 $V(t)$ 和 D 的变化较为复杂，故 P_B 是 $V(t)$ 和 D 的复杂非线性函数。熵产生率 P_B 随振幅 A 和扩散系数 D 变化的数值显示 P_B 开始随 A 增大，经过一个极大值后又随 A 减小；P_B 随 D 单调增大，而后达到饱和值。当 $A=0$ 或 $D=0$ 时，$P_B=0$。

从熵产生率 $P_B > 0$ 的结果可见，分子马达效率虽然很高，但仍然小于 100%。换言之，热力学第二定律对于分子马达也是普适的。

应该指出，虽然本章所计算的实际课题都是一维的，但统计式（7.0.9）和式（7.0.6）实际上可用来计算 2 维、3 维、6 维和 $6N$ 维空间的熵产生率。差别仅在于计算的复杂度。

7.3 简短结论和讨论

本章从非平衡熵演化方程出发，首先定义了一个新的物理参量，即离开平衡率，它可以定量描述非平衡系统离开平衡多远，然后推导出了 $6N$ 维和 6 维相空间熵产生率，即熵增加定律的一个简明统计公式。它表明，微观状态数密度在空间随机且不均匀地离开平衡是非平衡系统宏观熵产生的微观物理基础。利用此公式，又推导出了熵产生率正比于其概率流的特殊定态公式，进而给出了非平衡态的熵产生率和其一次、二次时间变化率，以及定态熵产生率的几个实际课题的表达式。

第 8 章
线性非平衡态统计热力学

根据系统偏离平衡态的程度及系统内的热力学力和热力学流之间关系的不同,统计热力学大致可分为三个领域:(1) 平衡态统计热力学,此领域中系统处于平衡态,系统内的热力学力和热力学流皆为零;(2) 线性非平衡态统计热力学,此领域中系统偏离平衡态很小,或者说系统处于近平衡态,系统内的热力学力和热力学流之间满足线性关系;(3) 非线性非平衡态统计热力学,此领域中系统远离平衡态,系统内的热力学力和热力学流之间呈现非线性关系。本章主要讨论线性非平衡态统计热力学。

8.1 力和流

当系统偏离平衡态而处于近平衡态时,系统产生热力学力和热力学流。根据式 (6.2.22),三维空间内单位体积、单位时间的熵产生为

$$\sigma = kD \int f \left(\nabla_q \ln \frac{f}{f_0} \right)^2 \mathrm{d}p$$

引入一组 n 个相互独立的宏观量 $\{A_\alpha\} = \{A_1, A_2, \cdots, A_n\}$,代入上式,则熵产生为

$$\begin{aligned}
\sigma &= kD \int f \left(\nabla_q \ln \frac{f}{f_0} \right) \left(\nabla_q \ln \frac{f}{f_0} \right) \mathrm{d}p \\
&= kD \int f \sum_{i,j} \left(\frac{\partial}{\partial q_i} \ln \frac{f}{f_0} \right) \left(\frac{\partial}{\partial q_j} \ln \frac{f}{f_0} \right) \mathrm{d}p \\
&= \frac{D}{k} \sum_{\alpha,\beta} \int f \sum_{i,j} \frac{\partial A_\alpha}{\partial q_i} \frac{\partial A_\beta}{\partial q_j} \left(k \frac{\partial}{\partial A_\alpha} \ln \frac{f}{f_0} \right) \left(k \frac{\partial}{\partial A_\beta} \ln \frac{f}{f_0} \right) \mathrm{d}p \\
&= \frac{D}{k} \int L_{\alpha\beta} X_\alpha X_\beta \mathrm{d}p = \sum_{\alpha,\beta} \overline{L_{\alpha\beta} X_\alpha X_\beta} \\
&\approx \sum_{\alpha,\beta} \overline{L}_{\alpha\beta} \overline{X}_\alpha \overline{X}_\beta = \sum_\alpha \overline{J}_\alpha \overline{X}_\alpha
\end{aligned} \qquad (8.1.1)$$

式（8.1.1）倒数第二个近似等式利用了线性统计近似独立方法。根据热力学力的定义

$$X_\alpha = k \frac{\partial \ln f}{\partial A_\alpha} \quad (\alpha = 1, 2, \cdots, n)$$

现定义

$$\bar{X} = k \frac{\partial}{\partial A_\alpha} \int f \ln \frac{f}{f_0} \mathrm{d}p = k < \frac{\partial}{\partial A_\alpha} \ln \frac{f}{f_0} > \tag{8.1.2}$$

为热力学力，定义

$$\bar{J}_\alpha = \sum_\beta \bar{L}_{\alpha\beta} \bar{X}_\beta \tag{8.1.3}$$

为热力学流，其中，动力学矩阵元素

$$\bar{L}_{\alpha\beta} = \sum_{i,j} \frac{D}{k} < \frac{\partial A_\alpha}{\partial q_i} \frac{\partial A_\beta}{\partial q_j} > \tag{8.1.4}$$

由式（8.1.3）知，流与力呈线性关系，而且一种流可由多种力引起。例如，系统内仅存在热导和扩散两种不可逆过程时，式（8.1.3）可写作

$$\begin{cases} \bar{J}_1 = \bar{L}_{11} \bar{X}_1 + \bar{L}_{12} \bar{X}_2 \\ \bar{J}_2 = \bar{L}_{21} \bar{X}_1 + \bar{L}_{22} \bar{X}_2 \end{cases} \tag{8.1.5}$$

其中，$\bar{J}_1$ 和 $\bar{J}_2$ 为扩散流和热流；$\bar{X}_1$ 和 $\bar{X}_2$ 为对应的物质浓度梯度力和温度梯度力。

同样有

$$\bar{X}_\beta = \sum_\alpha \bar{L}_{\beta\alpha} + \bar{J}_\alpha \tag{8.1.6}$$

即一种力可推动多种流。证明

$$\bar{X}_\beta = \sum_\alpha \bar{L}_{\beta\alpha} + \bar{J}_\alpha = \sum_\alpha \sum_\beta \bar{L}_{\beta\alpha} + \bar{L}_{\alpha\beta'} X_\beta = \sum_{\beta'} \delta_{\beta\beta'} X_{\beta'} = \bar{X}_\beta$$

为醒目起见，可将熵产生的普通表达式［式（8.1.1）］写成

$$\sigma = \sum_\alpha J_\alpha X_\alpha \tag{8.1.7}$$

也就是说，熵产生可写成不可逆过程的热力学流和相应热力学力乘积之和的形式。

注意：这里将 $\bar{J}_\alpha$ 和 $\bar{X}_\alpha$ 改写成 J_α 和 X_α，是因为在统计物理中，下述讨论的各个宏观物理量就是这里相应的统计平均值。

8.2 昂萨格倒易关系

根据式（8.1.4），动力学矩阵元素

$$\bar{L}_{\alpha\beta} = \sum_{i,j} \frac{D}{k} < \frac{\partial A_\alpha}{\partial q_i} \frac{\partial A_\beta}{\partial q_j} > = \frac{D}{k} \sum_{i,j} < \frac{\partial A_\beta}{\partial q_i} \frac{\partial A_\alpha}{\partial q_i} > = \bar{L}_{\beta\alpha}$$

即动力学矩阵元素具有对称性，其数学表达式为

$$\bar{L}_{\alpha\beta} = \bar{L}_{\beta\alpha}$$

或

$$L_{\alpha\beta} = L_{\beta\alpha} \tag{8.2.1}$$

它的物理意义是，由第 β 个不可逆过程的力 $\bar{X}_\beta$ 引起第 α 个不可逆过程的流 $\bar{J}_\alpha$ 的增量与由第 α 个不可逆过程的力 $\bar{X}_\alpha$ 引起第 β 个不可逆过程的流 $\bar{J}_\beta$ 的增量相等。这就是著名的昂萨格倒易关系，又称昂萨格定理，它于 1931 年由昂萨格提出。

昂萨格倒易关系之所以重要，首先是因为它的普适性，其次是因为它使实验上确定动力学系数的数目大为减少。正因为推导出此式，昂萨格获得了诺贝尔化学奖。

8.3 最小熵产生定理

线性非平衡态统计热力学中另一重要成果是普里高津于 1945 年提出的非平衡态的最小熵产生定理，它的作用类似于平衡态热力学中的最大熵原理。对于一个不受任何外界约束的孤立系统，无论其初始状态如何，系统中所有力和流经过自由发展，其结果总是趋于零，即达到平衡态，系统的熵达到最大值。若系统受到恒定的约束，其内部始终存在力和流，随着时间的推移，系统趋于一个不随时间变化的状态，这就是非平衡定态，它的熵趋于最小值。这就是说，最小熵的产生定理认为，在接近平衡的条件下，与外界恒定性约束（控制条件）相适应的非平衡定态的熵产生具有最小值。换用熵的语言，即平衡态的熵最大，非平衡态的熵产生最小，两者都不随时间变化。下面从两个例子来说明最小熵产生定理。

（1）两种组分的材料保持在不同恒定温度下，其两端物质和能量的传递。

温度差将引起热扩散，进而引起浓度差，系统内同时存在一个热导力 $X_{热导}$ 和一个扩散力 $X_{扩散}$，以及相应的热导流 $J_{热导}$ 和扩散流 $J_{扩散}$。但由于外界约束仅是恒定的热导力 $X_{热导}$，而扩散力 $X_{扩散}$ 和其扩散流 $J_{扩散}$ 可以自由发展，最终结果是系统达到扩散流 $J_{扩散}$ 为零而热导流 $J_{热导}$ 仍然存在的非平衡定态，其数学表达式如下。

按照熵产生的普遍表达式（8.1.1），此例应有

$$\sigma = J_{热导} X_{热导} + J_{扩散} X_{扩散} \tag{8.3.1}$$

假定热导和扩散过程满足线性关系

$$\begin{cases} J_{热导} = L_{11}X_{热导} + L_{12}X_{扩散} \\ J_{扩散} = L_{21}X_{热导} + L_{22}X_{扩散} \end{cases} \tag{8.3.2}$$

利用昂萨格倒易关系，即 $L_{12} = L_{21}$，将式（8.3.2）代入式（8.3.1），则

$$\sigma = L_{11}X_{热导}^2 + 2L_{21}X_{热导}X_{扩散} + L_{22}X_{扩散}^2 \tag{8.3.3}$$

将式（8.3.3）对扩散力 $X_{扩散}$ 求偏导数，得

$$\frac{\partial \sigma}{\partial X_{扩散}} = 2(L_{21}X_{热导} + L_{22}X_{扩散}) = 2J_{扩散} \tag{8.3.4}$$

在非平衡定态，$J_{扩散} \approx 0$，可得

$$\frac{\partial \sigma}{\partial X_{扩散}} = 0 \tag{8.3.5}$$

因此，在非平衡态，熵产生取极值，且 $\partial^2 \sigma / \partial X_{扩散}^2 = 2L_{22} > 0$，这个极值必为最小值。

（2）各向同性系统内的热导。

根据傅里叶热导定律，各向同性系统的热流为

$$J_q = -\kappa \nabla T = \kappa T^2 \nabla \left(\frac{1}{T}\right) = L_{qq} \nabla \left(\frac{1}{T}\right) \tag{8.3.6}$$

推动热流的力为

$$X_q = \nabla \left(\frac{1}{T}\right) \tag{8.3.7}$$

系统的总熵产生为

$$P = \int \sigma \mathrm{d}V = \int J_q X_q \mathrm{d}V = \int L_{qq} \nabla \left(\frac{1}{T}\right)^2 \mathrm{d}V \tag{8.3.8}$$

系统的总熵产生率为

$$\frac{\partial P}{\partial t} = \int \frac{\partial \sigma}{\partial t} \mathrm{d}V = 2 \int L_{qq} \nabla \left(\frac{1}{T}\right) \cdot \nabla \left(\frac{\partial}{\partial t} \frac{1}{T}\right) \mathrm{d}V$$

$$= 2 \int J_q \cdot \nabla \left(\frac{\partial}{\partial t} \frac{1}{T}\right) \mathrm{d}V$$

$$= 2 \int \nabla \left[J_q \cdot \left(\frac{\partial}{\partial t} \frac{1}{T}\right)\right] \mathrm{d}V - 2 \int \left(\frac{\partial}{\partial t} \frac{1}{T}\right) \nabla \cdot J_q \mathrm{d}V$$

$$= 2 \int \left[\left(\frac{\partial}{\partial t} \frac{1}{T} J_q\right)\right] \cdot \mathrm{d}A - 2 \int \left(\frac{\partial}{\partial t} \frac{1}{T}\right) \nabla J_q \cdot \mathrm{d}V$$

上式第三行利用了部分积分，第四行第一项利用高斯定理将体积分变成面积分且为零，再将式（8.3.6）代入第二项，则得

$$\frac{\partial P}{\partial t} = -2\int \frac{\rho C_V}{T^2}\left(\frac{\partial T}{\partial t}\right)^2 dV \leq 0 \qquad (8.3.9)$$

因 ρ, C_V 和 T 为正, 故 P 随时间 t 的增加而减小, 系统向最小熵产生方向演化, 最后达到熵最小的定态。换言之, 在偏离定态, $\frac{dP}{dt} < 0$ 时, 熵产生随时间减小, 系统不稳定; 在定态, $\frac{dP}{dt} = 0$ 时, 熵产生最小, 系统稳定。这就再次证明了非平衡定态的最小熵产生定理。

应该指出, 在导出式 (8.3.9) 的过程中, 假定了式 (8.3.6) 中的动力学系数 $L_{qq} = \kappa T^2$ 是常数, 这是对实际系统很强的限制。

还需指出, 虽然定态的熵最小, 但它仍是正的, 外界没有负熵输入, 故线性非平衡态区域不能产生稳定的有序结构。

8.4 涨落耗散定理

在平衡态, 系统受到一个弱场的微扰时将发生涨落。涨落耗散定理是研究系统围绕平衡态的涨落与非平衡态的能量耗散之间关系的定理。

本节由熵产生推导涨落耗散定理。前述式 (5.1.3) 表明, 熵是系统能量耗散的度量, 有的文献直接将单位体积单位时间的熵产生定名为耗散。为此, 给出 3 维空间与 $3N$ 维相空间的涨落耗散定理。

1. 3 维空间

根据式 (6.2.22), 3 维空间单位体积单位时间的熵产生为

$$\sigma_B = kD \int f\left(\nabla_q \ln \frac{f}{f_0}\right)^2 dp \qquad (8.4.1)$$

当系统处于近平衡态时, $\ln \frac{f}{f_0} \approx \frac{\Delta f}{f_0}$ 为系统围绕平衡态的相对涨落, 代入式 (8.4.1), 则得

$$\sigma_B \approx kD \int f\left[\nabla_q\left(\frac{\Delta f}{f_0}\right)\right]^2 dp = kD \overline{\left[\nabla_q\left(\frac{\Delta f}{f_0}\right)\right]^2}$$

即

$$\sigma_B = kD \overline{\left[\nabla_q\left(\frac{\Delta f}{f_0}\right)\right]^2} \qquad (8.4.2)$$

2. $3N$ 维相空间

根据式 (6.2.11), $3N$ 维相空间单位体积单位时间的熵产生为

$$\sigma_G = kD \int \rho \left(\nabla_q \ln \frac{\rho}{\rho_0} \right)^2 dp \tag{8.4.3}$$

同样,当系统处于近平衡态时, $\ln \dfrac{\rho}{\rho_0} \approx \dfrac{\Delta \rho}{\rho_0}$ 为系统围绕平衡态的相对涨落,代入式 (8.4.3),则得

$$\sigma_G \approx kD \int \rho \left[\nabla_q \left(\frac{\Delta \rho}{\rho_0} \right) \right]^2 dp = kD \overline{\left[\nabla_q \left(\frac{\Delta \rho}{\rho_0} \right) \right]^2}$$

即

$$\sigma_G = kD \overline{\left[\nabla_q \left(\frac{\Delta \rho}{\rho_0} \right) \right]^2} \tag{8.4.4}$$

式 (8.4.2) 与式 (8.4.4) 就是系统围绕平衡态的相对涨落 (等式右边) 引起非平衡态的熵产生,即能量耗散 (等式左边) 之间的关系式,也就是从熵产生出发推导出的涨落耗散定理。

相对于 2.4.4 节的第二涨落耗散定理,式 (8.4.2) 与式 (8.4.4) 则称为第一涨落耗散定理。

需要指出,此处给出的涨落耗散定理,与久保 (Kubo) 的涨落耗散定理和卡伦-韦尔顿 (Callen-Welton) 的涨落耗散定理相比,其导出方式和表达式都有所不同。

最后指出,昂萨格定理、最小熵产生定理和涨落耗散定理是线性近平衡态统计热力学领域内的三条重要定理。

第 9 章

趋向平衡

为何非平衡态系统总要趋向平衡？这种过程的本质和机理是什么？可否定量描述？如何描述？这些都是非平衡态统计物理学中待解决的中心课题。虽经一百多年的研究，学者们提出过多种观点，但对其本质仍缺乏了解。本章从非平衡熵自发变化的观点来解答此类问题。

9.1 熵扩散

从非平衡熵演化方程式（6.2.3）、式（6.2.7）和式（6.2.18）可知，非平衡态系统不仅伴随熵产生，而且伴随内禀熵扩散。这种熵扩散的物理意义与质量扩散、动量扩散和能量扩散相同。如果说质量、动量和能量总是自发地从高密度区向低密度区扩散，则非平衡态系统的熵也总是要自发地从高密度区向低密度区扩散。这就是熵扩散的实质。

9.2 趋向平衡的熵扩散机理

熵变化代表系统的演化方向，熵总要自发地从高密度区向低密度区扩散。因此，非平衡系统趋向平衡的过程就是熵从高密度区向低密度区的自发扩散过程。趋向平衡的速率由熵扩散速率决定。随着熵扩散过程的持续进行，系统的熵密度梯度不断减小，总熵不断增加。最终，整个系统的熵密度均匀化，熵扩散停止，总熵变成极大值，系统达到平衡。这种机理不仅物理意义清楚，且可以用来计算实际非平衡系统趋向平衡的弛豫时间。

现在采用此思想方法计算两个实际非平衡系统的熵密度扩散率和弛豫时间。

9.3 两例熵密度扩散率和弛豫时间估算

9.3.1 气体自由膨胀

7.1 节已推导出气体自由膨胀的熵产生率。现将式（7.1.2）和式（7.1.3）代入式（6.2.13），得气体自由膨胀的熵密度扩散率为

$$P_d = \frac{\partial^2 S_V}{\partial q^2} = \frac{k}{2t}\left[\left(1 - \frac{q^2}{2Dt}\right)\left(1 + \ln\frac{f}{f_0}\right) - \frac{q^2}{2Dt}\right]f \tag{9.3.1}$$

可见熵密度扩散率 P_d 随时间 t 和空间坐标 q 变化。

当扩散时间为

$$t = t_f \geqslant \frac{l^2}{\pi D} \tag{9.3.2}$$

时（l 为很长的圆柱体的半长度），系统达到平衡，熵扩散停止，$P_d = 0$ 且熵产生 $\Delta_i S$ 变成极大值 [见式（7.1.13）]，此时，t_f 就是系统的弛豫时间。

9.3.2 布朗运动

在 7.1 节已推导出布朗运动的熵产生率。现将式（7.1.14）和式（7.1.15）代入式（6.2.13），得到布朗运动的熵密度扩散率为

$$\begin{aligned}P_d &= D\frac{\partial^2 S_V}{\partial q^2} \\ &= kDf\left\{-\left[\frac{2(q-b(t))^2}{a^2(t)} - \frac{1}{a(t)}\right]\left(1 + \ln\frac{f}{f_0}\right) - \frac{2[q-b(t)]^2}{a^2(t)} - \frac{1}{a_m} + \frac{4q[q-b(t)]}{a(t)a_m}\right\}\end{aligned}$$
(9.3.3)

此式表明熵密度扩散率 P_d 随时间 t 和空间坐标 q 变化。

当扩散时间为

$$t = t_f \geqslant \beta^{-1} = \frac{a_m}{2D} \tag{9.3.4}$$

时，系统达到平衡，熵扩散停止，熵密度扩散率 $P_d = 0$，熵产生 $\Delta_i S$ 变为极大值 [见式（7.1.20）]，此时，$t_f = \beta^{-1}$ 就是布朗运动系统的弛豫时间。

由上述 9.3.1 节和 9.3.2 节可见，系统趋向平衡的弛豫时间正比于系统线性尺度的

平方且反比于扩散系数。

9.4 平衡态系综

平衡态统计物理是非平衡态统计物理的一个与时间过程无关的特殊部分。然而，在现有的平衡态统计物理中，基本概率密度来自一个基本假设——等概率原理，它表明，处于统计热力学平衡态的孤立系统，出现于同一能量曲面上的所有微观态的概率相等。这样，根据吉布斯系综理论，得微正则分布

$$\rho_0 = \rho_0(H) = \Omega^{-1} \tag{9.4.1}$$

对应的系综就是微正则系综。这里能量 H 和微观状态数 Ω 都是常数。式（9.4.1）是刘维尔方程的一个平衡态解，即

$$\frac{\partial \rho_0}{\partial t} = [H, \rho_0] = 0 \tag{9.4.2}$$

若 $\frac{\partial \rho_0}{\partial t} \neq 0$，则不能从式（9.4.2）解得式（9.4.1）。

现在仍从等概率原理出发。当孤立系统处于统计热力学平衡态时，同一能量曲面上的 ρ_0 为常数，与空间坐标 q 无关。因而式（2.5.7）和式（6.2.2）中的扩散项为零，即 $D\nabla_q^2 \rho_0 = 0$。这种情况下，刘维尔扩散方程式（2.5.7）和式（6.2.2）还原为式（9.4.2）。这就表明，微正则系综式（9.4.1）是刘维尔扩散方程式（2.5.7）和式（6.2.2）的一个平衡态解。当已知微正则系综时，就可用类似现有平衡态统计物理的方法去求正则系综和巨正则系综。由此可见，平衡态系综仍然主要来自假设和统计，而不是动力学。

第二部分

非平衡态统计物理的应用

第 10 章

非平衡统计断裂力学

10.1 可靠性物理动力学

近年来,可靠性在应用和理论方面都受到广泛关注。在研究结构可靠性时,通常可分为两个层次,一个是结构系统可靠性,另一个是结构元件可靠性。显然,后者是前者的重要基础。从发展速率来看,引起结构元件不可靠性的故障基本上可分为偶然型与退化型两大类,前者是突变的、瞬时的;后者是渐变的、随时间演化的。从数学方法来看,可靠性数学理论已自成系统,并得到了广泛应用;但从物理基础来看,目前仍需要一个清晰的物理图像,来描述随时间演化的结构元件的可靠性动力学理论。显然,这种动力学理论的建立,不仅对预估各种结构元件的可靠性和寿命具有重要意义,还可能为可靠性数学理论提供一个可能的微观物理基础。本节将从元件断裂的微观机理和动力学过程出发,应用随机过程的理论,提出一个有关结构元件可靠性随时间演化的物理动力学理论,并由此推导出结构元件可靠性的各个基本公式。

1. 物理图像

一个结构系统在运行过程中总会受到外应力、温度、介质(包括液态或气态)甚至粒子辐照的作用(这些作用的因素以下简称为外因)。在这些外因作用下,随着时间流逝,系统元件的内部微观结构和宏观性能都将逐渐发生变化,从而逐渐降低结构元件的可靠性,以致最后发生断裂。由于这些断裂故障是在外因作用过程中发展而成的,因而称为退化型故障。从断裂的具体类型来看,退化型故障可以分为脆性断裂、疲劳断裂、延时断裂、应力腐蚀断裂和腐蚀疲劳断裂等不同类型。正是这些断裂的微观机理、演化过程、宏观规律及其数学表述,构成了可靠性物理动力学的主要内容。

这些不同类型的断裂,若略去其原子过程的差异不计,则它们之间的共同特点为结构元件的各种断裂过程都有一个长短不等的时间发展过程。从微观结构来说，若非预先存在一个大裂纹，则元件内部总有大量大小不等的微裂纹在不断成核长大，甚至存在两个小微裂纹合并成一个大微裂纹。换言之，结构元件的各种宏观断裂都是其内部微裂纹演化（包括成核长大和合并）的结果。这种演化过程是不可逆的。由于材料内部微观成分、缺陷及相结构的不均匀性，所有微裂纹的演化过程都是具有随机性的，因此可以认为，结构元件的故障过程是具有随机性的不可逆的动力学过程，而微裂纹的演化导致元件断裂则是故障过程的实质和普遍规律。这样，对结构元件可靠性的微观分析就可简化为对其在运行条件下因微裂纹演化而导致材料断裂规律的分析。在此分析基础上可以建立可靠性物理动力学。

2. 演化动力学方程

如上所述，结构元件故障的微观实质可归结为材料内部微裂纹在外因作用下演化的结果。故障的演化动力学方程就是微裂纹的演化动力学方程。由于材料内部的微观成分、缺陷及相结构的不均匀性，故其微观结构可视为在平均结构背景上叠加了这种不均匀性涨落，其中平均结构是确定性的，不均匀性涨落则是随机性的。微裂纹的长大速率及其与其他微裂纹的相互合并概率，都将因这种不均匀性涨落的随机存在而与其所经途径密切相关，并随机变化。同一材料内两个形状和尺度相同的微裂纹，在同一外因作用下，由于各自所经途径上微观结构不同，其长大速率也将互有差异。正因为如此，可将故障的演化过程视为一个随机过程。

接下来讨论描述这种过程的动力学方程。设 t 为材料受外因作用的时间，动力学变量 c 为 t 时微裂纹的长度，$\dot{c}$ 为 t 时微裂纹的长大速率，由于材料的微观结构可视为在确定性背景结构上叠加了随机性涨落，因此微裂纹的长大速率应遵守下述广义朗之万方程

$$\dot{c} = K(c) + F(c,t) \tag{10.1.1}$$

式中，$K(c)$ 为长大速率的确定性部分，又称迁移长大速率，它是由材料的平均结构与外因共同决定的；$F(c,t)$ 为长大速率的随机性部分，又称涨落长大速率，它是由材料的不均匀性涨落与外因共同决定的。由于微裂纹的长大仅与当时及稍早的外因和材料的微观结构有关，而与其更早的历史条件无关，故长大过程可看作一个马尔可夫过程。为简化起见，进一步假定

$$F(c,t) = \beta(c)f(t) \tag{10.1.2}$$

式中，$f(t)$ 为涨落长大函数；$\beta(c)$ 为涨落放大函数。实际上，当微裂纹很小时，这种假定是可以证明的。由于长大过程可近似地视为马尔可夫过程，且为简化计算起见，

假设涨落函数 $f(t)$ 满足

$$\begin{cases} <f(t)> = 0 \\ <f(t)f(t')> = D\delta(t-t') \end{cases} \tag{10.1.3}$$

式中，δ 为狄拉克函数；D 为涨落长大系数。可见涨落长大速率是乘法型的，且是高斯分布的。这样，式 (10.1.1) 变为

$$\dot{c} = K(c) + \beta(c)f(t) \tag{10.1.4}$$

描述一个随时间演化的动力学系统，通常惯用两种等价的方程：一种是动力学变量随时间演化的方程，另一种是概率密度分布函数随时间演化的方程。对于本节所讨论的微裂纹长大问题，前者是朗之万方程，即式 (10.1.4)；根据随机理论，后者则应为下述福克 - 普朗克方程，即

$$\frac{\partial P(c_0,c;t)}{\partial t} = -\frac{\partial}{\partial c}\left[\left(K(c) + \frac{D}{2}\beta(c)\frac{\partial \beta(c)}{\partial c}\right)P(c_0,c;t)\right] + \frac{D}{2}\frac{\partial^2}{\partial c^2}[\beta^2(c)P(c_0,c;t)] \tag{10.1.5}$$

式中，概率密度分布函数 $P(c_0,c;t)\mathrm{d}t$ 为 $t=0$ 时的微裂纹 c_0 在 t 时长大到 c 至 $c+\mathrm{d}c$ 间的概率。显然，$P(c_0,c;t)\mathrm{d}t$ 应满足归一化条件

$$\int_{c_0}^{\infty} P(c_0,c;t)\mathrm{d}c = 1 \tag{10.1.6}$$

当材料内部若干个同为 c_0 的微裂纹同时开始长大，而且是很多个微裂纹在外因作用过程中不断随机成核长大时，单纯的随机长大方程式 (10.1.5) 不再适用，需建立描述成核长大过程的方程。令 $N(c,t)\mathrm{d}c$ 表示 t 时单位体积内长度在 c 至 $c+\mathrm{d}c$ 间的微裂纹数目，$N(t) = \int_{c_0}^{\infty} N(c,t)\mathrm{d}c$ 表示 t 时微裂纹的总密度数，则微裂纹（空间）概率密度函数

$$P(c,t)\mathrm{d}c = N(c,t)\mathrm{d}c/N(t) \tag{10.1.7}$$

为 t 时在所有微裂纹中找到长度在 c 至 $c+\mathrm{d}c$ 间的微裂纹的概率，显然

$$\int_{c_0}^{\infty} P(c,t)\mathrm{d}c = 1 \tag{10.1.8}$$

根据微裂纹数目平衡原理，$N(c,t)$ 随时间演化的方程为

$$\frac{\partial N(c,t)}{\partial t} = -\frac{\partial}{\partial c}\left[\left(K(c) + \frac{D}{2}\beta(c)\frac{\partial \beta(c)}{\partial c}\right)N(c,t)\right] + \frac{D}{2}\frac{\partial^2}{\partial c^2}[\beta^2(c)N(c,t)] + q(t)\delta(c-c_0) \tag{10.1.9}$$

式中，$q(t)$ 为 t 时单位体积微裂纹成核的数目。式 (10.1.9) 就是描述微裂纹成核长大

的演化方程，其物理意义为，微裂纹数目随时间的变化率来自迁移长大、涨落长大及成核三部分。若还考虑两个小微裂纹可以组合成一个大微裂纹，则微裂纹演化方程应为

$$\frac{\partial N(c,t)}{\partial t} = -\frac{\partial}{\partial c}\left[\left(K(c) + \frac{D}{2}\beta(c)\frac{\partial \beta(c)}{\partial c}\right)N(c,t)\right] + \frac{D}{2}\frac{\partial^2}{\partial c^2}[\beta^2(c)N(c,t)] + q(t)\delta(c-c_0) +$$

$$\frac{1}{2}\int_{c_0}^{c}\omega(c_i,c_j)N(c_i,t)N(c_j,t)dc_j - \int_{c_0}^{\infty}\omega(c,c_j)N(c,t)N(c_j,t)dc_j \quad (10.1.10)$$

式中，$\omega(c_i,c_j)$ 为微裂纹 c_i 和 c_j 在单位时间内合并成微裂纹 c 的有效体积。

若涨落长大和合并都可略去，则式（10.1.9）和式（10.1.10）变为

$$\frac{\partial N(c,t)}{\partial t} = -\frac{\partial}{\partial c}[K(c)N(c,t)] + q(t)\delta(c-c_0) \quad (10.1.11)$$

这时的 $K(c)$ 可理解为 t 时长度为 c 的微裂纹的平均长大速率。式（10.1.9）~式（10.1.11）就是三种情况下微裂纹的演化动力学方程。它们都略去了微裂纹的取向分布，由于它们都是时间反演不对称的，所以反映了微裂纹演化过程的不可逆性。式（10.1.11）是邢修三教授于 20 世纪 60 年代提出的第一个微裂纹成核长大统计演化方程，由于其简单，目前已广泛应用。

当已知微裂纹演化的微观机理时，就可算出 $K(c)$，D，$\beta(c)$，$q(t)$ 和 $\omega(c_i,c_j)$，因而可以由演化方程解出 $P(c_0,c;t)$ 或 $N(c,t)$。这些量的求解需要从微裂纹（或微孔洞）演化的微观机理出发进行理论推算。脆性、疲劳、蠕变和环境等断裂类型各不相同，甚至同一断裂类型由于其材料性质不同，因此微观机理也不相同，$K(c)$，D，$\beta(c)$，$q(t)$ 和 $\omega(c_i,c_j)$ 都将不同，从而使得解 $P(c_0,c;t)$ 或 $N(c,t)$ 也不同。微裂纹演化方程的普遍性和由微观机理决定的方程系数的特殊性，正是断裂非平衡统计理论能够描述各种断裂类型普遍规律的一个主要原因。式（10.1.5）、式（10.1.9）~式（10.1.11）的起始条件为

$$P(c_0,c;t=0) = \delta(c-c_0), \quad N(c,t=0) = 0 \quad (10.1.12)$$

边界条件为

$$P(c_0,c\rightarrow\infty;t) = 0, \quad N(c\rightarrow\infty;t) = 0 \quad (10.1.13)$$

式（10.1.12）表示微裂纹的起始长度为 c_0，式（10.1.13）表示微裂纹是在外应力作用过程中产生的。但无论两者中哪一种情况，在材料未断裂时，其内部都不存在无限大的裂纹。

最后应该指出，演化方程式（10.1.5）、式（10.1.9）~式（10.1.11）中的微裂纹仅指各种断裂类型中的危险微裂纹（即可直接导致断裂的微裂纹），如穿晶断裂中的穿

晶微裂纹、沿晶断裂中的沿晶微裂纹或微空洞，对于非危险微裂纹则略去不计。

下面从微观机理给出微裂纹的概率密度分布函数。为了使问题具体化，先讨论两种断裂类型：一种是脆性断裂；另一种是疲劳断裂。在这两类断裂中，微裂纹的长大都可看作是由位错滑移交互作用机理实现的。所不同的是，脆性断裂是由较大的单向应力引起的，其速率快，因此可略去涨落长大的影响；而疲劳断裂是由较小的交变应力引起的，其速率慢，因此涨落长大起了重要作用。

10.2 脆性断裂非平衡统计理论

本节以金属断裂为例，从最基本的实验事实出发进行论述。金属的断裂都是其内部结构在一定条件的外应力作用下发展的结果。断裂过程中，金属状态不断变化。从宏观外形来说，金属在不断发生塑性形变，从微观结构来说，金属内部的位错等缺陷在不断运动，微裂纹在不断演化，所有这些变化都是不可逆的。微裂纹的演化过程直接决定了金属的断裂过程。

实验指出，金属在脆性断裂前总会发生一定的塑性形变，只是其变形量很小而已。微裂纹的演化就是在塑性形变过程中由位错滑移相互作用引起的。在断裂前期，金属内部有很多不同大小的微裂纹在慢速成核长大，而其后期总是由一个主裂纹高速传播导致材料断裂。从位错滑移及其堆积群的位错机理出发，本节还将证明，微裂纹小时，长大速率很小，而当微裂纹大于其临界值后，它将很快以接近声速的速度进行高速传播。

实验显示，由于实际固体内部微观成分、缺陷、显微组织及塑性形变的不均匀性，强度和韧性等宏观力学量总是对结构敏感，呈有规律分散，并且具有尺寸效应，从而显示了脆性断裂规律的统计特性。

因此可得到如下认识。

（1）脆性断裂过程是非平衡的不可逆动力学过程，而其实质是在小塑性形变过程中微裂纹成核长大和传播的过程。

（2）整个断裂过程由两个阶段组成，即大量微裂纹的成核长大阶段和单个主裂纹的传播阶段。

（3）位错滑移及其堆积群为阐明微裂纹的成核长大提供了合适的微观模型。

（4）微裂纹的演化过程所遵循的规律是具有随机性的，而不是确定的，因此整个脆性断裂的基本规律是统计性的。这种统计性正是金属微观结构与宏观特性联系的桥梁。

以上即关于脆性断裂的物理图像。

1. 长大成核的位错机理

接下来从位错机理出发来讨论微裂纹的长大和成核，其目的有二：一是了解微裂纹的长大动力学，二是从微观机理求出式（10.1.11）中的平均长大速率 $K(c)$ 和平均成核率 $q(t)$。

（1）微裂纹长大动力学。

根据单堆积位错群形成微裂纹模型（见图10.2.1）可知，若要形成微裂纹，堆积群中位错数目 n_p 需满足条件

$$n_p = \frac{\pi(1-\nu)L\tau}{\mu b} \geqslant n_p^0 \quad (10.2.1)$$

式中，n_p^0 为使微裂纹成核所需的 n_p；b 为伯格斯向量的大小；τ 为作用于堆积位错群上的外加切应力的大小；L 为滑移面长度；μ 为切变模量；ν 为泊松比。

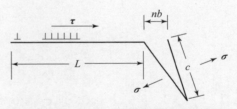

图 10.2.1　单堆积位错群形成微裂纹模型

求 n_p^0 可用下述近似方法。若将微裂纹看成一个大位错，处于坐标原点，其伯格斯向量大小为 nb，即挤入微裂纹内的位错数目为 n，则它反作用于堆积群中领首位错的应力大小为

$$\tau_B = \frac{nb\mu}{2\pi(1-\nu)} \cdot \frac{x_0}{x_0^2+\xi^2} \approx \frac{2n\mu}{9\pi(1-\nu)} \quad (10.2.2)$$

式中，$x_0 = 2b$；$\xi = \dfrac{b}{2(1-\nu)}$。另外，堆积群中所有位错作用于领首位错的应力为 $n_p\tau$。应力平衡时，二者相等，即

$$n_p\tau = \frac{2n\mu}{9\pi(1-\nu)} \text{或} n_p = \frac{4n\mu}{9\pi(1-\nu)\sigma} \quad (10.2.3)$$

式中，σ 为垂直作用于微裂纹上的外加拉应力的大小，且 $\sigma = 2\tau$。当 $n = 2$ 时，可看成微裂纹成核，即微裂纹的成核条件为

$$n_p^0 \tau_0 = 0.2\mu \quad (10.2.4)$$

式（10.2.3）和式（10.2.4）中取 $\nu = 0.3$，τ_0 为微裂纹成核所需的作用于堆积群上的外加切应力的大小，$\sigma_0 = 2\tau_0$。鉴于脆性断裂时外应力 σ 稍大于 σ_0，金属即将断裂，故从式（10.2.3）可得近似表达式

$$n_p \approx \frac{4n\mu}{9\pi(1-\nu)\sigma_0} \tag{10.2.5}$$

当 $n=2$ 时，式（10.2.5）与式（10.2.4）相等。

微裂纹的静态能为

$$U = 2\gamma c - \frac{\pi(1-\nu)\sigma^2 c^2}{4\mu} - \frac{nbc\sigma}{2} - \frac{(nb)^2 \mu}{4\pi(1-\nu)} \tag{10.2.6}$$

式中，γ 为表面能。微裂纹的动能为

$$T = \frac{k\rho\sigma^2 c^2 \dot{c}^2}{E^2} \tag{10.2.7}$$

式中，ρ 为材料密度；k 为比例常数；E 为杨氏模量，且 $E = 2\mu(1+\nu)$。

不难证明，当

$$nb = \frac{2\gamma}{\sigma} \tag{10.2.8}$$

$$c = c_k = \frac{2\gamma\mu}{\pi(1-\nu)\sigma^2} \tag{10.2.9}$$

时，$\left(\frac{\partial U}{\partial c}\right)_{c_k} = 0$，$\left(\frac{\partial^2 U}{\partial c^2}\right)_{c_k} < 0$，即 c_k 为 U 的极大值。式（10.2.9）可改写为

$$c = c_k = \frac{\mu}{\pi(1-\nu)\sigma} nb \tag{10.2.10}$$

式中，nb 满足式（10.2.8）。将 c_k 时的外应力看成断裂强度 σ_f，则

$$\sigma_f = \left[\frac{\gamma E}{\pi(1-\nu^2)c_k}\right]^{\frac{1}{2}} \tag{10.2.11}$$

若考虑到微裂纹扩展时需要消耗的塑性功，则式（10.2.6）中的 γ 应由 $G_{Ic} + \gamma \approx G_{Ic}$ 代替，故

$$\sigma_f = \left[\frac{G_{Ic} E}{\pi(1-\nu^2)c_f}\right]^{\frac{1}{2}} \tag{10.2.12}$$

式中，G_{Ic} 是裂纹扩展力，其物理意义将在本节第 2 部分"断裂韧性的微观物理基础"讨论，数学表达式在式（10.2.41）中给出；c_f 就是式（10.2.11）中的 c_k，只因 G_{Ic} 不同于 γ，故将两者以不同的下角标标记。

临界值 c_k 的物理意义为，当 $c > c_k$（即 $nb > \frac{2\gamma}{\sigma}$）时，微裂纹不稳定，迅速以近于声速的高速度传播；当 $c < c_k$（即 $nb < \frac{2\gamma}{\sigma}$）时，微裂纹只能慢速长大。为了证实此论断，有必要详细讨论微裂纹的长大问题。

根据能量守恒定律，有

$$\frac{\mathrm{d}(T+U)}{\mathrm{d}t}=0 \tag{10.2.13}$$

将式（10.2.6）和式（10.2.7）代入（10.2.13），并求 σ, nb, c 及 $\dot{c}$ 对 t 的微商，可得

$$c\dot{c}\ddot{c}+\dot{c}^3+\frac{\dot{\sigma}c\dot{c}^2}{\sigma}+\frac{E^2}{2k\rho\sigma^2 c}\left[2\gamma-\frac{nb\sigma}{2}-\frac{\pi(1-\nu)\sigma^2 c}{2\mu}\right]\dot{c}-$$
$$\frac{E^2}{2k\rho\sigma^2 c}\left[\left(\frac{\sigma c}{2}+\frac{nb\mu}{2\pi(1-\nu)}\right)\frac{\mathrm{d}(nb)}{\mathrm{d}t}+\left(\frac{nbc}{2}+\frac{\pi(1-\nu)\sigma c^2}{2\mu}\right)\dot{\sigma}\right]=0 \tag{10.2.14}$$

式中，$\dot{\sigma}=\dfrac{\mathrm{d}\sigma}{\mathrm{d}t}$ 为外应力的增加率；$\ddot{c}=\dfrac{\mathrm{d}\dot{c}}{\mathrm{d}t}$ 为微裂纹的长大加速率。式（10.2.14）就是微裂纹的长大动力学方程，其给出了微裂纹的长度 c、长大速率 $\dot{c}$、长大加速率 $\ddot{c}$ 与外应力 σ 及其他有关物理量之间的函数关系。由于难以从式（10.2.14）解出 $\dot{c}$ 的整个表达式，因此可分 $c \ll c_k$ 和 $c > c_k$ 及 $c = c_k$ 三个阶段求其近似解。

① $c \ll c_k$ 及小 $\dot{c}$ 阶段。

此阶段可略去动能项，即略去 $\dot{c}^2$, $\dot{c}^3$ 和 $\ddot{c}$ 项，考虑到 $2\gamma \gg \dfrac{nb\sigma}{2}+\dfrac{\pi(1-\nu)\sigma^2 c}{2\mu}$，则由式（10.2.14）得

$$\dot{c}\approx\left(\frac{\sigma c}{4\gamma}+\frac{nb\mu}{4\pi(1-\nu)\gamma}\right)\frac{\mathrm{d}(nb)}{\mathrm{d}t}+\left(\frac{nbc}{4\gamma}+\frac{\pi(1-\nu)\sigma c^2}{4\gamma\mu}\right)\dot{\sigma} \tag{10.2.15}$$

可见这时微裂纹长大速率来自两部分：一部分是挤入微裂纹内的位错数目不断增多，即 $\dfrac{\mathrm{d}(nb)}{\mathrm{d}t}>0$ 项；一部分是作用于微裂纹上的外加拉应力不断增大，即 $\dfrac{\mathrm{d}\sigma}{\mathrm{d}t}>0$ 项。若 $\dfrac{\mathrm{d}(nb)}{\mathrm{d}t}=0$，同时 $\dfrac{\mathrm{d}\sigma}{\mathrm{d}t}=0$，则 $\dot{c}=0$。

为了进一步求出式（10.2.15）中 $\dot{c}$ 的表达式，有必要算出 nb 和 $\dfrac{\mathrm{d}(nb)}{\mathrm{d}t}$。根据式（10.2.1）、式（10.2.3）和式（10.2.5），可求得

$$nb=\frac{3\pi(1-\nu)(bL)^{1/2}\sigma}{2\mu} \tag{10.2.16}$$

$$\frac{\mathrm{d}(nb)}{\mathrm{d}t}=\frac{3\pi(1-\nu)(bL)^{1/2}}{2\mu}\dot{\sigma} \tag{10.2.17}$$

将式（10.2.16）和式（10.2.17）代入式（10.2.15），得

$$\dot{c}\approx\frac{\pi(1-\nu)}{4\gamma\mu}\left[3(bL)^{1/2}c+c^2+\frac{9}{4}bL\right]\sigma\dot{\sigma} \tag{10.2.18}$$

这就是低速率时微裂纹长大速率的表达式。由此可见，忽略塑性功，表面能 γ 越小，切变模量 μ 越小，外应力 σ 和外应力增加率越大，微裂纹长大速率 $\dot{c}$ 越大；反之，结果也相反。若考虑到微裂纹扩展时需要消耗塑性功，式（10.2.28）中的 γ 应由 G_{1c} 代替。应该指出，根据这里的结论，尽管 $c < c_k$ 时微裂纹在热力学上是稳定的，但却能够慢速长大，其重要条件之一就是 $\dot{\sigma} > 0$。对应于一定的外应力 σ，存在一定的微裂纹长度 c，随着 σ 的提高，c 也变大，这就是微裂纹的长大。若 $\dot{\sigma} = 0$，则 $\dot{c} = 0$，微裂纹永远保持其原始长度。这就是结构材料在低于其强度的常值静载荷下长期不会被破坏的原因。

② $c > c_k$ 及大 $\dot{c}$ 阶段。

此阶段裂纹在热力学上已不稳定，即使 $\dfrac{\mathrm{d}(nb)}{\mathrm{d}t} = 0$ 且 $\dot{\sigma} = 0$，它在外应力 σ 作用下也可自动扩展。故可略去式（10.2.14）中的 $\dfrac{\mathrm{d}(nb)}{\mathrm{d}t}$ 项和 $\dot{\sigma}$ 项，并将式（10.2.8）和式（10.2.10）及 $E = 2\mu(1+\nu)$ 代入式（10.2.14），得

$$c\ddot{c} + \dot{c}^2 - \dot{c}_m^2\left(1 - \dfrac{c_k}{c}\right) = 0 \tag{10.2.19}$$

式中，$\dot{c}_m = \left[\dfrac{\pi(1-\nu^2)}{4k}\left(\dfrac{E}{\rho}\right)\right]^{\frac{1}{2}}$ 为裂纹的极限传播速率，$\left(\dfrac{E}{\rho}\right)^{\frac{1}{2}}$ 为应力波在固体中的传播速率。当 $k = 5.45$，$\nu = 0.3$ 时，$\dot{c}_m \approx 0.36\left(\dfrac{E}{\rho}\right)^{\frac{1}{2}}$。

式（10.2.19）是一个微分方程，边界条件为 $c = c_k$ 时，$\dot{c} = \dot{c}_k$，由此解得微裂纹的传播速率为

$$\dot{c} = \dot{c}_m\left(1 - \dfrac{2c_k}{c} + \dfrac{c_k^2}{c^2} + \dfrac{\dot{c}_k^2 c_k^2}{\dot{c}_m^2 c^2}\right)^{\frac{1}{2}} \tag{10.2.20}$$

$$\ddot{c} = \dfrac{\dot{c}_m^2 c_k}{c^2}\left(1 - \dfrac{c_k}{c} - \dfrac{\dot{c}^2 c_k}{\dot{c}_m^2 c}\right) \tag{10.2.21}$$

当 $c \gg c_k$，且 $\dot{c}$ 很大时

$$\dot{c} = \dot{c}_m\left(1 - \dfrac{c_k}{c}\right) \tag{10.2.22}$$

可见，当 $c \to \infty$ 时，$\dot{c} \to \dot{c}_m$，即裂纹的极限传播速率接近于应力波在固体中的传播速率，此结果已被证实。

③ 当 $c = c_k$ 时。

在此阶段 $2\gamma - \dfrac{nb\sigma}{2} - \dfrac{\pi(1-\nu)\sigma^2 c}{2\mu} = 0$，裂纹在热力学上处于临界不稳定状态，即将开始高速传播。又由式（10.2.21）可知，当 $c = c_k\left(1 + \dfrac{\dot c_k^2}{\dot c_m^2}\right)$ 时，$\ddot c = 0$。因 $\dot c_k \ll \dot c_m$，故当 $c = c_k$ 时，可以认为 $\ddot c \approx 0$。这样，式（10.2.14）变成三次方程

$$\dot c^3 + p\dot c^2 + r = 0 \qquad (10.2.23)$$

式中

$$p = \dfrac{\dot\sigma c}{\sigma} \qquad (10.2.24)$$

$$r = -\dfrac{E^2}{2k\rho\sigma^2 c}\left[\left(\dfrac{\sigma c}{2} + \dfrac{nb\mu}{2\pi(1-\nu)}\right)\dfrac{\mathrm{d}(nb)}{\mathrm{d}t} + \left(\dfrac{nbc}{2} + \dfrac{\pi(1-\nu)\sigma c^2}{2\mu}\right)\dot\sigma\right] \qquad (10.2.25)$$

考虑 $\dot c_k$ 应是正实数及三次方程解的性质，则得

$$\dot c_k = \dfrac{2c_k \dot\sigma}{3\sigma} \qquad (10.2.26)$$

由此可见，临界微裂纹 c_k 越大，外应力增加率 $\dot\sigma$ 越大，临界长大速率也越大。由于 $\dot c_k \propto \sigma^{-1}$，似乎可以得到当 $\sigma \to 0$ 时 $\dot c_k \to \infty$ 的错觉。实际上，由于要满足式（10.2.10），因此除非 $c_k \to \infty$，否则不可能有 $\sigma \to 0$。

将式（10.2.10）代入式（10.2.26），得

$$\dot c_k = \dfrac{2\mu\dot\sigma nb}{3\pi(1-\nu)\sigma^2} \qquad (10.2.27)$$

（2）平均长大速率。

接下来，求实际金属内微裂纹长大速率的平均值。上面分三阶段求出 $\dot c$，那么式（10.1.10）或式（10.1.11）中的 $K(c)$ 该用哪个 $\dot c$ 的平均值？考虑到今后讨论强度和韧性时，关心的是每个微裂纹开始传播的概率，故要求的 $\dot c(t,c)$ 应是传播时的平均长大速率。由式（10.2.27），得

$$\dot c(t,c) = \dfrac{2\mu\bar n b\dot\sigma}{3\pi(1-\nu)\sigma^2} \qquad (10.2.28)$$

式中，$\bar n$ 为 t 时每个微裂纹中平均挤入的位错数目。因一个微裂纹中挤入 n 个位错引起的变形 $\dfrac{nb}{L}$ 由式（10.2.16）表示，故单位体积内平均 N 个活动位错源都形成微裂纹且每个微裂纹中平均挤入 $\bar n$ 个位错时，其变形应为 $NL^2\bar n b$，代入式（10.2.16），得

$$NL^2\bar n b = \dfrac{3\pi(1-\nu)}{2}\left(\dfrac{b}{L}\right)^{\frac{1}{2}}\dfrac{\sigma}{\mu} \qquad (10.2.29)$$

将式 (10.2.29) 代入式 (10.2.28), 则

$$\dot{c}(t,c) = \left(\frac{b}{L}\right)^{\frac{1}{2}} \frac{\dot{\sigma}}{NL^2 \sigma} \tag{10.2.30}$$

若将塑性形变 ε 代替式 (10.2.28) 中的时间 t, 则得 ε 时微裂纹 c 随 ε 的平均长大速率为

$$\frac{dc(\varepsilon,c)}{d\varepsilon} = \left(\frac{b}{L}\right)^{\frac{1}{2}} \frac{d\sigma/d\varepsilon}{NL^2 \sigma} \tag{10.2.31}$$

在金属中, 外应力 σ 和塑性形变 ε 之间存在着普遍经验公式

$$\sigma = A\varepsilon^m, \quad \frac{d\sigma}{d\varepsilon} = mA\varepsilon^{m-1} \tag{10.2.32}$$

式中, A 为强度系数; m 为硬化指数。将式 (10.2.32) 代入式 (10.2.31) 可得

$$\frac{dc(\varepsilon,c)}{d\varepsilon} = \left(\frac{b}{L}\right)^{\frac{1}{2}} \frac{m}{NL^2 \varepsilon} \tag{10.2.33}$$

即 $\dot{c}(t,c)$ 和 $\frac{dc(\varepsilon,c)}{d\varepsilon}$ 与 c 无关, 这实质上表示各种不同大小的临界微裂纹都以相同的速率在长大。显然, 这只是客观实际的一种近似。

(3) 平均成核率。

仍由单堆积位错群模型来求微裂纹的平均成核率 $q(\varepsilon)$。设 M 为单位体积内形成微裂纹所需障碍 (如第二相粒子) 的平均数目, a 为每个障碍的平均截面, $a^{3/2}MN$ 为单位体积内活动位错源与障碍相遇而形成微裂纹潜在核的平均数目, $N(\varepsilon)$ 为塑性形变 ε 时单位体积内形成微裂纹的总平均数。因微裂纹是由外应力 σ 作用下的位错堆积群形成的, 而且已形成微裂纹处不再形成新的微裂纹, 故可假定微裂纹的总平均数对外应力的增加率正比于剩余潜在核的平均数, 即

$$dN(\varepsilon) = \alpha[a^{\frac{3}{2}}MN - N(\varepsilon)]d\sigma \tag{10.2.34}$$

式中, α 为单位外应力作用下每个潜在核形成微裂纹的概率。为求 α, 作如下的近似考虑: 因 $\frac{1}{c}\frac{dc}{d\sigma}$ 为微裂纹在每单位应力作用下的长大率, 而成核与长大都是位错滑移的结果, 潜在核长大到 c_0 时就是真正的核, 故可取

$$\alpha = \left(\frac{1}{c}\frac{dc}{d\sigma}\right)_{c_0} \approx \frac{\pi(1-\nu)Lc_0}{32\gamma\mu} \tag{10.2.35}$$

在得到式 (10.2.35) 时, 利用了式 (10.2.18) 且略去了其括号内前面较小的两项, 并取 $c_0 = 4.5b$。将式 (10.2.32) 代入式 (10.2.34) 并求积分, 得

$$N(\varepsilon) = a^{\frac{3}{2}}MN[1 - \exp(-\alpha A\varepsilon^m)] \tag{10.2.36}$$

当 $\varepsilon = 0$ 时，$N(\varepsilon) = 0$；当 $\varepsilon \gg \left(\dfrac{1}{\alpha A}\right)^{1/m}$ 时，$N(\varepsilon) \approx a^{\frac{3}{2}} MN$。塑性形变 ε 时微裂纹的平均成核率为

$$q(\varepsilon) = \frac{dN(\varepsilon)}{d\varepsilon} = \alpha a^{\frac{3}{2}} MNmA\varepsilon^{m-1} \exp(-\alpha A\varepsilon^m) \tag{10.2.37}$$

在式（10.2.36）和式（10.2.37）中，都假定活动位错源密度 $M(\varepsilon)$ 与 ε 无关。实际上，M 是随 ε 变化的，故式（10.2.37）的结果只是一种近似。

2. 断裂韧性的微观物理基础

在研究金属断裂时，裂纹扩展力 G_{Ic} 和断裂韧性 K_{Ic} 的微观物理基础是什么？它们可以通过哪些微观物理量或更基本的宏观物理量来表示？这是自断裂力学问世以来研究者一直在探索的难题。接下来从微裂纹长大的位错机理出发来讨论此类问题，以便给出一个具有清晰物理图像的数学表达。

如本节第 1 部分所述，微裂纹的扩展（即长大）是由于挤进来的位错数目不断增多及外加拉应力不断增大的结果。也就是说，要使微裂纹扩展，堆积群中位错需要进一步滑移以便将领首位错不断挤入微裂纹中。为此，外应力就需做塑性功。当外应力为 σ 时，堆积群中位错数目为 n_p，挤入微裂纹中的位错数目为 n，微裂纹长度为 c，由于 n_p 个位错在滑移面长度 L 上形成堆积群所产生的总滑移与布氏向量大小为 $n_p b$ 的大位错移动 $3L/4$ 所产生的滑移等价，故外应力为形成堆积群而于单位长度上所做的塑性功为

$$W_p = \frac{3}{4} n_p bL\tau = \frac{3}{8} n_p bL\sigma \tag{10.2.38}$$

当外应力提高 $d\sigma$ 时，微裂纹扩展的长度为 dc，为使堆积位错群滑移以增加挤入微裂纹中的位错数目而于单位长度上增做的塑性功为

$$dW_p = d\left(\frac{3}{8} n_p bL\sigma\right) = \frac{3}{8} n_p bLd\sigma \tag{10.2.39}$$

微裂纹单位面积所消耗的塑性功为

$$G = \frac{dW_p}{dc} = \frac{3}{8} n_p bL \frac{d\sigma}{dc} = \frac{3}{8} \frac{n_p bL}{\dfrac{dc}{d\sigma}} \tag{10.2.40}$$

式中，$\dfrac{dc}{d\sigma}$ 为微裂纹 c 对外应力 σ 的扩展速率。考虑到微裂纹长大到长度 c_k 时已处于临界不稳定状态，故一个金属试样的裂纹扩展力可定义为 c_k 时微裂纹扩展单位面积平均消耗的塑性功，即

$$G_{Ic} = \frac{3}{8} \frac{\bar{n}_p bL}{\left(\dfrac{dc}{d\sigma}\right)_{c_k}} \qquad (10.2.41)$$

由式（10.2.31），得

$$\left(\frac{dc}{d\sigma}\right)_{c_k} = \left(\frac{b}{L}\right)^{\frac{1}{2}} \frac{1}{NL^2\sigma} \qquad (10.2.42)$$

将 $\varepsilon = NL^2 \bar{n}_p b$ 及式（10.2.42）代入式（10.2.41），得

$$G_{Ic} = \frac{3}{8}\left(\frac{L}{b}\right)^{\frac{1}{2}} L\sigma_f \varepsilon_f \qquad (10.2.43)$$

式中，σ_f 和 ε_f 实际上就是 c_k 时的外应力 σ 和塑性形变 ε，可分别称为断裂强度和延伸率。

根据断裂力学，断裂韧性 K_{Ic} 可定义为裂纹扩展力 G_{Ic} 和杨氏模量 E 的几何平均值，由式（10.2.43）可得一个金属试样的断裂韧性为

$$K_{Ic} = \left(\frac{G_{Ic}E}{1-\nu^2}\right)^{\frac{1}{2}} = \left[\frac{3}{8(1-\nu^2)}\left(\frac{L}{b}\right)^{\frac{1}{2}} LE\sigma_f\varepsilon_f\right]^{\frac{1}{2}} \qquad (10.2.44)$$

这就是从微裂纹长大的位错机理出发直接求得的基本结果。它说明，断裂韧性 K_{Ic} 正比于断裂强度 σ_f、延伸率 ε_f 和杨氏模量 E 三者乘积的平方根值，是三者的综合表现。如果说 σ_f、ε_f 和 E 是金属的基本宏观力学量，则 L 显然是一个微观物理量。可见，K_{Ic} 不能全部由几个宏观力学量来描述，它必须同时至少由一个微观物理量参与来共同描述。

关于 G_{Ic} 和 K_{Ic} 的统计特性及其进一步的微观表示将在本节第6部分"统计平均值与统计偏差"中讨论。

3. 微裂纹分布函数

接下来求解 $N(\varepsilon, c)$。考虑到微裂纹是在塑性形变过程中成核长大的，用塑性形变 ε 代替式（10.1.11）中的时间 t，并将式（10.2.33）中的 $\dfrac{dc(\varepsilon,c)}{d\varepsilon}$，即 $K(c)$ 和式（10.2.37）的 $q(\varepsilon)$ 代入式（10.1.11），且为简化计算，令 $c_0 = 0$，则式（10.1.11）变为

$$\frac{\partial N(\varepsilon,c)}{\partial \varepsilon} = -\left(\frac{b}{L}\right)^{\frac{1}{2}} \frac{m}{NL^2\varepsilon} \frac{\partial N(\varepsilon,c)}{\partial c} + \alpha a^{\frac{3}{2}} MNmA\varepsilon^{m-1} \exp(-\alpha A\varepsilon^m)\delta(c) \qquad (10.2.45)$$

利用拉格朗日方法，并考虑式（10.1.12）和式（10.1.13）的条件，即可求得此一阶偏微分方程的解为

$$N(\varepsilon,c) = \left(\frac{L}{b}\right)^{\frac{1}{2}} a^{\frac{3}{2}} MN^2L^2\alpha A\varepsilon^m \exp\left[-\left(\frac{L}{b}\right)^{\frac{1}{2}} NL^2 c\right] \exp\left\{-\alpha A\varepsilon^m \exp\left[-\left(\frac{L}{b}\right)^{\frac{1}{2}} NL^2 c\right]\right\}$$

$$(10.2.46)$$

这就是解得的微裂纹密度分布函数。它给出了塑性形变 ε 时晶体单位体积内形成长度为 c 的微裂纹的平均数目随 ε 和 c 及有关各量的函数关系。塑性形变 ε 时单位体积内形成的微裂纹总数为 $N(\varepsilon) = \int_0^\infty M(\varepsilon,c)\mathrm{d}c = a^{\frac{3}{2}}MN[1-\exp(-\alpha A\varepsilon^m)]$，即式（10.2.36）所给出的结果。

由式（10.2.46）可求出微裂纹长度的概率分布函数为

$$P(\varepsilon,c)\mathrm{d}c = \left(\frac{L}{b}\right)^{\frac{1}{2}} \frac{NL^2\alpha A\varepsilon^m}{1-\exp(-\alpha A\varepsilon^m)} \exp\left[-\left(\frac{L}{b}\right)^{\frac{1}{2}}NL^2 c\right] \exp\left\{-\alpha A\varepsilon^m \exp\left[-\left(\frac{L}{b}\right)^{\frac{1}{2}}NL^2 c\right]\right\}\mathrm{d}c$$

(10.2.47)

式中，$P(\varepsilon,c)\mathrm{d}c$ 为塑性形变 ε 时在单位体积内各种长度的微裂纹中找到长度在 c 和 $c+\mathrm{d}c$ 间微裂纹的概率。显然，$P(\varepsilon,c)\mathrm{d}c$ 满足归一化条件 $\int_0^\infty P(\varepsilon,c)\mathrm{d}c = 1$。

4. 断裂概率与可靠性

本节第 1～第 3 部分讨论的都是微裂纹系统的演化问题，接下来讨论单个主裂纹的传播导致固体的断裂。从微裂纹的演化过渡到单个主裂纹的传播需要利用最小强度裂纹导致断裂的思想。由于裂纹以接近声速的速度高速传播，只要有一个裂纹传播，材料会立即断裂，因此把裂纹开始传播的应力称为断裂强度，简称强度。若裂纹的演化是确定性的，那么当它满足式（10.2.10）时，就会开始传播而导致材料断裂，因此式（10.2.10）可看作是断裂的充要条件。但在断裂前期，由于固体微观结构的不均匀性而使得其内部有很多微裂纹在随机演化，因此此时式（10.2.10）只是断裂的必要条件，并非充分条件。换言之，满足式（10.2.10）的微裂纹只有一定的传播概率，未必就能传播。若微裂纹长度在 c 至 $c+\mathrm{d}c$ 间的概率为 $P(\varepsilon,c)\mathrm{d}c$，则其对应的强度在 σ 和 $\sigma+\mathrm{d}\sigma$ 间的概率为 $P(\varepsilon,\sigma)\mathrm{d}\sigma$。根据概率论，应有 $P(\varepsilon,\sigma)\mathrm{d}\sigma = P(\varepsilon,c)|\mathrm{d}c|$，代入式（10.2.10）和式（10.2.47），得微裂纹强度的概率分布函数为

$$P(\varepsilon,\sigma)\mathrm{d}\sigma = \frac{4}{\pi(1-\nu)}\left(\frac{L}{b}\right)^{\frac{1}{2}}\frac{NL^2\gamma\mu\alpha A\varepsilon^m}{[1-\exp(-\alpha A\varepsilon^m)]\sigma^3}\exp\left[-\frac{2}{\pi(1-\nu)}\left(\frac{L}{b}\right)^{\frac{1}{2}}\frac{NL^2\gamma\mu}{\sigma^2}\right]$$

$$\exp\left\{-\alpha A\varepsilon^m\exp\left[-\frac{2}{\pi(1-\nu)}\left(\frac{L}{b}\right)^{\frac{1}{2}}\frac{NL^2\gamma\mu}{\sigma^2}\right]\right\}\mathrm{d}\sigma \quad (10.2.48)$$

其中，$P(\varepsilon,\sigma)\mathrm{d}\sigma$ 为塑性形变 ε 时在单位体积内各种强度的微裂纹中找到强度在 σ 至 $\sigma+\mathrm{d}\sigma$ 间微裂纹的概率。显然，$\int_0^\infty P(\varepsilon,\sigma)\mathrm{d}\sigma = 1$。

值得指出的是，在此之前，尽管有许多学者研究了固体强度的统计理论，但他们大多未涉及固体的微观结构及断裂的动力学过程。研究者通常只是各自假定了一个分

布函数，导致其研究具有明显的局限性。

假设所研究的金属体积为 V，塑性形变 ε 时共有 $N_1 = N(\varepsilon)V$ 个微裂纹，它的断裂概率是什么？根据最小强度的裂纹导致断裂的思想，N_1 个独立的裂纹中任意一个裂纹的强度在 0 和 σ 间而其余 $N_1 - 1$ 个裂纹的强度都大于 σ 的概率为

$$P_f(\sigma) = 1 - \left[1 - \int_0^\sigma P(\varepsilon, \sigma) d\sigma\right]^{N_1} = 1 - \left[\int_\sigma^\infty P(\varepsilon, \sigma) d\sigma\right]^{N_1} \quad (10.2.49)$$

式中，$P_f(\sigma)$ 可直接理解为金属在强度 0 和 σ 间发生断裂的概率，或简称金属的断裂概率。显然，$P_f(\sigma \to \infty) = 1$，$P_f(\sigma = 0) = 0$。其物理意义为，任何固体在 ∞ 的应力作用下都一定立即发生断裂，而在无应力作用时总不会发生断裂。换言之，固体强度总是小于 ∞ 而大于 0。

通常，由于 $\int_0^\sigma P(\varepsilon, \sigma) d\sigma \ll 1$ 和 $M_1 \gg 1$，故断裂概率的表达式（见式（10.2.49））可变为下列近似表达式

$$P_f(\sigma) \approx 1 - \exp\left[-N_1 \int_0^\sigma P(\varepsilon, \sigma) d\sigma\right] \quad (10.2.50)$$

将式（10.2.48）代入式（10.2.50）并利用式（10.2.32）和式（10.2.36），得断裂概率的具体表达式

$$P_f(\sigma) = 1 - \exp\left\{-a^{\frac{3}{2}} MNV \left[1 - \exp\left[-\alpha\sigma \exp\left(-\frac{2}{\pi(1-\nu)}\left(\frac{L}{b}\right)^{\frac{1}{2}} \frac{NL^2 \gamma\mu}{\sigma^2}\right)\right]\right]\right\} \quad (10.2.51)$$

由式（10.2.51）即可求得金属在外应力 σ 作用下仍能安全承载而不发生断裂的概率，即所谓的金属在外应力作用下的可靠性或安全性，其数学表达式为

$$R(\sigma) = 1 - P_f(\sigma) = \left[\int_\sigma^\infty P(\varepsilon, \sigma) d\sigma\right]^{N_1} \approx 1 - \exp\left[-N_1 \int_0^\sigma P(\varepsilon, \sigma) d\sigma\right] \quad (10.2.52)$$

将式（10.2.51）代入式（10.2.52），则得到可靠性具体表达式为

$$R(\sigma) = \exp\left\{-a^{\frac{3}{2}} MNV \left[1 - \exp\left[-\alpha\sigma \exp\left(-\frac{2}{\pi(1-\nu)}\left(\frac{L}{b}\right)^{\frac{1}{2}} \frac{NL^2 \gamma\mu}{\sigma^2}\right)\right]\right]\right\} \quad (10.2.53)$$

显然，$R(\sigma = 0) = 1$，$R(\sigma \to \infty) = 0$。其物理意义为，固体未受外应力作用时总是安全可靠的，而当外应力增大到某个极值时就一定会发生断裂，此时固体绝不安全可靠。

由上述分析可见，断裂概率 $P_f(\sigma)$ 与可靠性 $R(\sigma)$ 不仅随外应力 σ 变化，而且也随金属特性量 M，L，a，N，γ 及 V 等变化。在相同外应力作用下，由于各种金属的这些物理量与体积的不同，因此其断裂概率与可靠性也不相同。

5. 宏观力学量的统计分布函数

对于宏观成分、工艺条件（如冷加工和热处理等）及外形尺寸相同的固体，由于其内部微观成分、缺陷及显微组织的不均匀性，因此各个试样的断裂强度和断裂韧性等与断裂有关的力学量是互不相同且有规律分散的，这充分显示了其固有的统计特性。为了描述这种统计规律，引入统计分布函数（又称概率密度函数）$W_f(F)dF$，它表示与断裂有关的某个力学量 F 在 F 至 $F+dF$ 间的概率，根据上面的讨论结果，可算出各个 $W_f(F)dF$ 的具体表达式。

首先计算强度 σ 的统计分布函数 $W_f(\sigma)d\sigma$，它表示金属强度在 σ 至 $\sigma+d\sigma$ 间的概率，由式（10.2.49）和式（10.2.50），应有

$$W_f(\sigma)d\sigma = \frac{\partial P_f(\sigma)}{\partial \sigma}d\sigma = N_1\left[1 - \int_0^\sigma P(\varepsilon,\sigma)d\sigma\right]^{N_1-1}P(\varepsilon,\sigma)d\sigma$$

$$\approx N_1\exp\left[-N_1\int_0^\sigma P(\varepsilon,\sigma)d\sigma\right]P(\varepsilon,\sigma)d\sigma \tag{10.2.54}$$

显然，$W_f(\sigma)d\sigma$ 满足归一化条件 $\int_0^\infty W_f(\sigma)d\sigma = 1$。这正是式（10.2.49）和式（10.2.50）$P_f(\sigma\to\infty)=1$ 的结果。其物理意义为，任何金属的强度总是小于 ∞。将式（10.2.32）和式（10.2.48）代入式（10.2.54），得 $W_f(\sigma)d\sigma$ 的具体表达式为

$$W_f(\sigma)d\sigma = \frac{4}{\pi(1-\nu)}\left(\frac{L}{b}\right)^{\frac{1}{2}}\frac{a^{\frac{3}{2}}MN^2L^2\gamma\mu\alpha V}{\sigma^2}\exp\left[-\frac{2}{\pi(1-\nu)}\left(\frac{L}{b}\right)^{\frac{1}{2}}\frac{NL^2\gamma\mu}{\sigma^2}\right]\cdot$$

$$\exp\left\{-\alpha\sigma\exp\left[-\frac{2}{\pi(1-\nu)}\left(\frac{L}{b}\right)^{\frac{1}{2}}\frac{NL^2\gamma\mu}{\sigma^2}\right]\right\}\cdot$$

$$\exp\left\{-a^{\frac{3}{2}}MNV\left[1-\exp\left[-\alpha\sigma\exp\left[-\frac{2}{\pi(1-\nu)}\left(\frac{L}{b}\right)^{\frac{1}{2}}\frac{NL^2\gamma\mu}{\sigma^2}\right]\right]\right]\right\}d\sigma$$

$$\tag{10.2.55}$$

为了寻找式（10.2.55）进一步可能的近似，注意到当 σ 逐渐减少时，特别是当 $\sigma\to 0$ 时，$1-\exp[-\alpha\sigma\exp(-\sigma_0^2/\sigma^2)]$ 趋近于零的速度远比 $(A\sigma/\sigma_0)^{2\beta}$ 快，尽管如此，当 $0.023 \leqslant \sigma/\sigma_0 \leqslant 0.45$ 时，仍可认为近似表达式 $1-\exp[-\alpha\sigma\exp(-\sigma_0^2/\sigma^2)] \approx (A\sigma/\sigma_0)^{2\beta}$ 粗糙地成立。这里 $\sigma_0^2 = \frac{2}{\pi(1-\nu)}\left(\frac{L}{b}\right)^{\frac{1}{2}}NL^2\gamma\mu$，$A = 1.72$，$2\beta = 14$。在这种情况下，式（10.2.55）变为

$$W_f(\sigma)d\sigma \approx 2\beta\left[\frac{A(a^{3/2}MNV)^{\frac{1}{2\beta}}}{\sigma_0}\right]^{2\beta}\sigma^{2\beta-1}\exp\left\{-\left[A(a^{3/2}MNV)^{\frac{1}{2\beta}}\frac{\sigma}{\sigma_0}\right]^{2\beta}\right\}d\sigma \tag{10.2.56}$$

这正是已知的威布尔（Weibull）分布。可见，强度的 Weibull 分布只是较精确分布函数

式（10.2.55）的一种更为粗糙的近似。

接下来计算断裂韧性 K 的统计分布函数 $W_f(K)\mathrm{d}K$，它表示金属的断裂韧性在 K 和 $K+\mathrm{d}K$ 间的概率，定义为

$$W_f(K)\mathrm{d}K = N_1 \left[1 - \int_0^K P(\varepsilon,K)\mathrm{d}K\right]^{N_1-1} P(\varepsilon,K)\mathrm{d}K$$

$$\approx N_1 \exp\left[-N_1 \int_0^K P(\varepsilon,K)\mathrm{d}K\right] P(\varepsilon,K)\mathrm{d}K \tag{10.2.57}$$

由式（10.2.32）和式（10.2.44）得

$$\sigma = \left[\frac{8(1-\nu^2)^2}{3LE}\left(\frac{b}{L}\right)^{\frac{1}{2}} A^{\frac{1}{m}}\right]^{\frac{m}{1+m}} K^{\frac{2m}{1+m}} = \theta K^{\frac{2m}{1+m}} \tag{10.2.58}$$

再利用 $P(\varepsilon,K)\mathrm{d}K = P(\varepsilon,\sigma)|\mathrm{d}\sigma|$，代入式（10.2.58）和式（10.2.48），得

$$P(\varepsilon,K)\mathrm{d}K = \frac{8m}{\pi(1-\nu)(1+m)}\left(\frac{L}{b}\right)^{\frac{1}{2}} \frac{NL^2\gamma\mu\alpha A\varepsilon^m}{[1-\exp(-\alpha A\varepsilon^m)]\theta^2 K^{(5m+1)/(1+m)}} \cdot$$

$$\exp\left[-\frac{2}{\pi(1-\nu)}\left(\frac{L}{b}\right)^{\frac{1}{2}}\frac{NL^2\gamma\mu}{\theta^2 K^{4m/(1+m)}}\right] \cdot$$

$$\exp\left\{-\alpha A\varepsilon^m \exp\left[-\frac{2}{\pi(1-\nu)}\left(\frac{L}{b}\right)^{\frac{1}{2}}\frac{NL^2\gamma\mu}{\theta^2 K^{4m/(1+m)}}\right]\right\}\mathrm{d}K \tag{10.2.59}$$

注意：式（10.2.57）和式（10.2.59）定义的 $W_f(K)\mathrm{d}K$ 满足条件

$$\int_0^\infty K W_f(K)\mathrm{d}K = \int_0^\infty K(\sigma)W_f(\sigma)\mathrm{d}\sigma = \overline{K}_{Ic} \tag{10.2.60}$$

即由 $W_f(K)\mathrm{d}K$ 和由 $W_f(\sigma)\mathrm{d}\sigma$ 算出的断裂韧性的平均值 $\overline{K}_{Ic}$ 是相等的。式（10.2.60）中的 $K(\sigma)$ 可由式（10.2.58）的反函数求得。显然，$W_f(K)\mathrm{d}K$ 满足归一化条件 $\int_0^\infty W_f(K)\mathrm{d}K = 1$。其物理意义为，任何金属的断裂韧性总小于 ∞。将式（10.2.58）和式（10.2.59）代入式（10.2.60），得 $W_f(K)\mathrm{d}K$ 的具体表达式

$$W_f(K)\mathrm{d}K = \frac{8m}{\pi(1-\nu)(1+m)}\left(\frac{L}{b}\right)^{\frac{1}{2}}\frac{a^{3/2}MN^2L^2\gamma\mu\alpha V}{\theta K^{(3m+1)/(1+m)}} \cdot$$

$$\exp\left[-\frac{2}{\pi(1-\nu)}\left(\frac{L}{b}\right)^{\frac{1}{2}}\frac{NL^2\gamma\mu}{\theta^2 K^{4m/(1+m)}}\right] \cdot$$

$$\exp\left\{-\alpha\theta K^{\frac{2m}{1+m}}\exp\left[-\frac{2}{\pi(1-\nu)}\left(\frac{L}{b}\right)^{\frac{1}{2}}\frac{NL^2\gamma\mu}{\theta^2 K^{4m/(1+m)}}\right]\right\} \cdot$$

$$\exp\left\{-a^{\frac{3}{2}}MNV\left[1-\exp\left[-\alpha\theta K^{\frac{2m}{1+m}}\exp\left[-\frac{2}{\pi(1-\nu)}\left(\frac{L}{b}\right)^{\frac{1}{2}}\frac{NL^2\gamma\mu}{\theta^2 K^{4m/(1+m)}}\right]\right]\right]\right\}\mathrm{d}K$$

$$\tag{10.2.61}$$

用类似得到式 (10.2.56) 的方法，断裂韧性的统计分布函数式同样可变为更粗糙的近似——Weibull 分布，这里不再赘述。

再来计算裂纹扩展力 G 的统计分布函数 $W_f(G)dG$，它表示金属的裂纹扩展力在 G 和 $G+dG$ 间的概率，与式 (10.2.57)~式 (10.2.59) 类似，应有

$$W_f(G)dG = N_1 \left[1 - \int_0^G P(\varepsilon,G)dG\right]^{N_1-1} P(\varepsilon,G)dG$$

$$\approx N_1 \exp\left[-N_1 \int_0^G P(\varepsilon,G)dG\right] P(\varepsilon,G)dG \qquad (10.2.62)$$

$$\sigma = \left[\frac{8}{3}\left(\frac{b}{L}\right)^{\frac{1}{2}} A^{\frac{1}{L}}\right]^{\frac{m}{1+m}} G^{\frac{m}{1+m}} = \theta_1 G^{\frac{m}{1+m}} \qquad (10.2.63)$$

$$P(\varepsilon,G)dG = \frac{4m}{\pi(1-\nu)(1+m)} \left(\frac{L}{b}\right)^{\frac{1}{2}} \frac{NL^2\gamma\mu\alpha A\varepsilon^m}{[1-\exp(-\alpha A\varepsilon^m)]\theta_1^2 G^{(3m+1)/(1+m)}} \cdot$$

$$\exp\left[-\frac{2}{\pi(1-\nu)}\left(\frac{L}{b}\right)^{\frac{1}{2}} \frac{NL^2\gamma\mu}{\theta_1^2 G^{2m/(1+m)}}\right] \cdot$$

$$\exp\left\{-\alpha A\varepsilon^m \exp\left[-\frac{2}{\pi(1-\nu)}\left(\frac{L}{b}\right)^{\frac{1}{2}} \frac{NL^2\gamma\mu}{\theta_1^2 G^{2m/(1+m)}}\right]\right\} dG \qquad (10.2.64)$$

同样，$W_f(G)dG$ 满足归一化条件 $\int_0^\infty W_f(G)dG = 1$。其物理意义为，任何金属的裂纹扩展力总是小于 ∞。将式 (10.2.63) 和式 (10.2.64) 代入式 (10.2.62)，得 $W_f(G)dG$ 的具体表达式为

$$W_f(G)dG = \frac{4m}{\pi(1-\nu)(1+m)} \left(\frac{L}{b}\right)^{\frac{1}{2}} \frac{a^{3/2} MN^2 L^2 \gamma\mu\alpha V}{\theta_1^2 G^{(2m+1)/(1+m)}} \cdot$$

$$\exp\left[-\frac{2}{\pi(1-\nu)}\left(\frac{L}{b}\right)^{\frac{1}{2}} \frac{NL^2\gamma\mu}{\theta_1^2 G^{2m/(1+m)}}\right] \cdot$$

$$\exp\left\{-\alpha\theta_1 G^{\frac{m}{1+m}} \exp\left[-\frac{2}{\pi(1-\nu)}\left(\frac{L}{b}\right)^{\frac{1}{2}} \frac{NL^2\gamma\mu}{\theta_1^2 G^{2m/(1+m)}}\right]\right\} \cdot$$

$$\exp\left\{-a^{\frac{3}{2}} MNV\left[1 - \exp\left[-\alpha\theta_1 G^{\frac{m}{1+m}} \exp\left[-\frac{2}{\pi(1-\nu)}\left(\frac{L}{b}\right)^{\frac{1}{2}} \frac{NL^2\gamma\mu}{\theta_1^2 G^{2m/(1+m)}}\right]\right]\right]\right\} dG$$

$$(10.2.65)$$

与得到式 (10.2.61) 和式 (10.2.65) 的方法类似，可得金属延伸率 ε 在 ε 和 $\varepsilon+d\varepsilon$ 间的概率的统计分布函数 $W_f(\varepsilon)d\varepsilon$ 的具体表达式为

$$W_f(\varepsilon)d\varepsilon = \frac{4}{\pi(1-\nu)}\left(\frac{L}{b}\right)^{\frac{1}{2}} \frac{a^{3/2} MN^2 L^2 \gamma\mu\alpha V}{A\varepsilon^m} \exp\left[-\frac{2}{\pi(1-\nu)}\left(\frac{L}{b}\right)^{\frac{1}{2}} \frac{NL^2\gamma\mu}{A^2\varepsilon^{2m}}\right] \cdot$$

$$\exp\left\{-\alpha A\varepsilon^m \exp\left[-\frac{2}{\pi(1-\nu)}\left(\frac{L}{b}\right)^{\frac{1}{2}}\frac{NL^2\gamma\mu}{A^2\varepsilon^{2m}}\right]\right\}\cdot$$

$$\exp\left\{-a^{\frac{3}{2}}MNV\left[1-\exp\left[-\alpha A\varepsilon^m \exp\left[-\frac{2}{\pi(1-\nu)}\left(\frac{L}{b}\right)^{\frac{1}{2}}\frac{NL^2\gamma\mu}{A^2\varepsilon^{2m}}\right]\right]\right]\right\}d\varepsilon$$

(10.2.66)

从式（10.2.55）、式（10.2.61）、式（10.2.65）和式（10.2.66）可见，断裂强度、断裂韧性、裂纹扩展力及延伸率的统计分布函数都是由同一组物理量 N，L，m，A，α，M，γ，μ 及 V 等决定的。固体的结构、成分组织及体积不同，其统计分布函数也有所不同。

断裂强度和断裂韧性的统计分布早已被实验证实。裂纹扩展力和延伸率是否遵守推导公式预言的统计分布规律，有待未来实验的检验。

6. 统计平均值与统计偏差

由于实际固体内部微观成分、缺陷及显微组织的不均匀性，各个试样的宏观力学量都遵守固有的统计分布规律。为了准确判断固体的断裂特性，必须计算各个试样的统计平均值。因此可以认为，反映固体断裂特性的宏观力学量就是对相同宏观成分、工艺条件及外形尺寸的大量试样系综相应力学量的统计平均值。设 $F(\sigma)$ 是某个与断裂有关的力学量，则其统计平均值为

$$\overline{F}(\sigma) = \int_0^\infty F(\sigma)W_f(\sigma)d\sigma \tag{10.2.67}$$

式中，断裂概率密度（即强度的统计分布函数）由式（10.2.55）表示。下面就根据式（10.2.55）和式（10.2.67）来计算各个宏观力学量的统计平均值，由于式（10.2.55）很复杂，因此所得的结果都是近似的。

先计算延伸率，根据式（10.2.32），$\varepsilon = \left(\frac{\sigma}{A}\right)^{\frac{1}{m}}$，故延伸率

$$\overline{\varepsilon}_f = \int_0^\infty \varepsilon W_f(\sigma)d\sigma = \int_0^\infty \left(\frac{\sigma}{A}\right)^{\frac{1}{m}} W_f(\sigma)d\sigma$$

$$= \frac{1}{A^{\frac{1}{m}}}\left[\frac{2}{\pi(1-\nu)}\left(\frac{L}{b}\right)^{\frac{1}{2}}\frac{NL^2\gamma\mu}{\ln(VN(\varepsilon_f))}\right]^{\frac{1}{2m}}\left[1 + 0\times\left(\frac{1}{\ln(VN(\varepsilon_f))}\right)\right]$$

$$\overline{\varepsilon}_f = \frac{1}{A^{\frac{1}{m}}}\left[\frac{2}{\pi(1-\nu)}\left(\frac{L}{b}\right)^{\frac{1}{2}}\frac{NL^2\gamma\mu}{\ln(VN(\varepsilon_f))}\right]^{\frac{1}{2m}} \tag{10.2.68}$$

式中，$N(\varepsilon_f)$ 内的 ε_f 为断裂时的塑性形变，即延伸率。因 $\ln N(\varepsilon_f)$ 对 $N(\varepsilon_f)$ 不敏感，故可用自洽法计算 $N(\varepsilon_f)$ 内的 ε_f。

在以下各力学量的计算中，都采用类似式（10.2.68）的近似，略去右边第二个括号内$[\ln(VN(\varepsilon_f))]^{-1}$项以及更高次的各项，此处不再赘述。

断裂强度为

$$\bar{\sigma}_f = \int_0^\infty \sigma W_f(\sigma) d\sigma = \left[\frac{2}{\pi(1-\nu)}\left(\frac{L}{b}\right)^{\frac{1}{2}}\frac{NL^2\gamma\mu}{\ln(VN(\varepsilon_f))}\right]^{\frac{1}{2}} \quad (10.2.69)$$

若考虑位错存在内阻力σ_i，则

$$\bar{\sigma}_f = \sigma_i + \left[\frac{2}{\pi(1-\nu)}\left(\frac{L}{b}\right)^{\frac{1}{2}}\frac{NL^2\gamma\mu}{\ln(VN(\varepsilon_f))}\right]^{\frac{1}{2}} \quad (10.2.70)$$

在此需指出，由式（10.2.55）算出的强度统计分布应比真正的强度统计分布普遍少一个σ_i。

变形ε时单位体积内消耗的塑性功为

$$w = \int_0^\varepsilon \sigma d\varepsilon = \int_0^\varepsilon A\varepsilon_m d\varepsilon = \frac{\sigma^{(m+1)/m}}{(m+1)A^{1/m}} \quad (10.2.71)$$

故断裂时单位体积内消耗的塑性功为

$$\bar{w}_f = \int_0^\infty w W_f(\sigma) d\sigma = \frac{1}{(1+m)A^{1/m}}\int_0^\sigma \sigma^{\frac{1+m}{m}} W_f(\sigma) d\sigma$$

$$= \frac{1}{(1+m)A^{\frac{1}{m}}}\left[\frac{2}{\pi(1-\nu)}\left(\frac{L}{b}\right)^{\frac{1}{2}}\frac{NL^2\gamma\mu}{\ln(VN(\varepsilon_f))}\right]^{\frac{1+m}{2m}} \quad (10.2.72)$$

然后计算裂纹扩展力$\bar{G}_{Ic}$，由式（10.2.32）和式（10.2.43），应有$G = \frac{3}{8}\times\left(\frac{L}{b}\right)^{\frac{1}{2}}\frac{L}{A^{1/m}}\cdot\sigma^{\frac{1+m}{m}}$，代入式（10.2.67），得裂纹扩展力为

$$\bar{G}_{Ic} = \int_0^\infty G W_f(\sigma) d\sigma = \frac{3}{8}\times\left(\frac{L}{b}\right)^{\frac{1}{2}}\frac{L}{A^{1/m}}\left[\frac{2}{\pi(1-\nu)}\left(\frac{L}{b}\right)^{\frac{1}{2}}\frac{NL^2\gamma\mu}{\ln(VN(\varepsilon_f))}\right]^{\frac{1+m}{2m}} \quad (10.2.73)$$

断裂韧性为

$$\bar{K}_{Ic} = \left(\frac{E}{1-\nu^2}\right)^{\frac{1}{2}} \bar{G}_{Ic}^{1/2}$$

$$= \left[\frac{3}{8(1-\nu^2)}\left(\frac{L}{b}\right)^{\frac{1}{2}}\frac{LE}{A^{1/m}}\right]^{\frac{1}{2}}\left[\frac{2}{\pi(1-\nu)}\left(\frac{L}{b}\right)^{\frac{1}{2}}\frac{NL^2\gamma\mu}{\ln(VN(\varepsilon_f))}\right]^{\frac{1+m}{4m}} \quad (10.2.74)$$

临界裂纹长度为

$$\bar{c}_f = \frac{1}{\pi}\overline{\left(\frac{K_{Ic}}{\sigma_f}\right)^2} = \frac{E}{\pi(1-\nu^2)}\int_0^\infty \frac{G}{\sigma^2} W_f(\sigma) d\sigma$$

$$= \frac{3}{8\pi(1-\nu^2)}\left(\frac{L}{b}\right)^{\frac{1}{2}}\frac{LE}{A^{1/m}}\left[\frac{2}{\pi(1-\nu)}\left(\frac{L}{b}\right)^{\frac{1}{2}}\frac{NL^2\gamma\mu}{\ln(VN(\varepsilon_f))}\right]^{\frac{1-m}{2m}} \quad (10.2.75)$$

式（10.2.68）~式(10.2.70)、式（10.2.72）~式(10.2.75) 正是与脆性断裂有关的各个重要宏观力学量的表达式，它们都由一组共同的物理量 A，m，N，L，γ，μ 和 V 等表示。若已知金属的这些物理量，则可由上列各式算出 $\bar{\varepsilon}_f$，$\bar{\sigma}_f$，$\bar{w}_f$，$\bar{G}_{Ic}$，$\bar{K}_{Ic}$ 和 $\bar{c}_f$ 等量。尽管这种计算不太精确（这是目前金属物理理论不太成熟的一种表现），但就其变化趋向来看，已与许多实验相符。例如，材料的加工硬化越大（A 越大，m 越小），活动位错源数目 N 越少，表面能 γ 越小，切变模量 μ 越小，试样体积 V 越大，则 $\bar{\varepsilon}_f$，$\bar{\sigma}_f$，$\bar{w}_f$，$\bar{G}_{Ic}$，$\bar{K}_{Ic}$ 和 $\bar{c}_f$ 越小，材料越脆；反之，结果也相反。由于 A，m，N，L 对结构敏感，故各宏观力学量也对结构敏感。

所谓活动位错源的数目，表示滑移的集中程度。活动位错源越少，塑性形变越集中在少数滑移面上，微裂纹越易成核长大，因而材料越易断裂；反之，结果也相反。塑性形变的集中程度对微裂纹长大速率、形成数目及断裂的这种影响，已被单晶（如 MgO 单晶）的实验所验证。

塑性与韧性随强度系数 A 的增大及硬化指数 m 的减小而降低，且表现为式（10.2.68）、式（10.2.72）~式(10.2.74) 的形式，这些推论虽然有待今后实验的检验，但以断裂韧性为例，$\bar{K}_{Ic} \sim A^{-\frac{1}{2m}}$，若取 $\sigma_y \propto \sigma_{0.2} = A\varepsilon_{0.2}^m$，则得 $\bar{K}_{Ic} \sim \sigma_y^{-\frac{1}{2m}}$，当 $m = 0.5$，0.25，0.1 时，分别有 $\bar{K}_{Ic} \sim \sigma_y^{-1}$，$\bar{K}_{Ic} \sim \sigma_y^{-2}$，$\bar{K}_{Ic} \sim \sigma_y^{-5}$。类似这种结果，已被实验证明。

$F(\sigma) \sim [\ln(VN(\varepsilon_f))]^{-h}$（对强度，$h = \dfrac{1}{2}$；对断裂韧性，$h = \dfrac{1+m}{4m}$ 等），宏观力学量随试样尺寸减小而略有提高，这种尺寸效应，正是统计特性的表现。强度的尺寸效应早为人们熟悉；断裂韧性的尺寸效应后来也被实验证实，但目前尚未归纳出经验关系式。至于其他宏观力学量是否具有尺寸效应，目前尚无实验数据。因此，这里所提出的尺寸效应，除强度外，目前都只能视为理论的预言。

应该指出，式（10.2.43）和式（10.2.44）是将 G_{Ic} 和 K_{Ic} 直接与弹性（杨氏模量 E）、塑性（延伸率 ε_f）和强度（断裂强度 σ_f）联系起来的，并由一个微观长度量（滑移面长度 L）参与来共同表示。式（10.2.73）和式（10.2.74）则表示 $\bar{G}_{Ic}$ 和 $\bar{K}_{Ic}$ 是由一组比 ε_f 和 σ_f 更基本的物理量表示，能概括较多的实验结果，且反映了材料固有的统计特性。

由式（10.2.74）和式（10.2.75），即可求得

$$\bar{\sigma}_f = \left[\frac{E\bar{G}_{Ic}}{\pi(1-\nu^2)\bar{c}_f}\right]^{\frac{1}{2}} \qquad (10.2.76)$$

这正是式（10.2.12）的形式，差别仅在于这里的 $\bar{\sigma}_f$，$\bar{G}_{Ic}$ 和 $\bar{c}_f$ 都是平均值。由此可见，当固体不是绝对脆性的，在断裂前总是要发生一定的塑性形变时，用 $\gamma + G_{Ic}$ 代替式（10.2.6）中的 γ，所得的强度式（10.2.12）是正确的，只不过人们长期不知如何求出 G_{Ic} 的表达式而已。

为了计算遵守统计规律的各宏观力学量的分散性，使用统计偏差公式进行推导。

力学量 $F(\sigma)$ 的平均平方偏差公式为

$$D(F) = \overline{[F(\sigma)]^2} - [\overline{F(\sigma)}]^2 \tag{10.2.77}$$

式中

$$\overline{[F(\sigma)]^2} = \int_0^\infty [F(\sigma)]^2 W_f(\sigma) d\sigma \tag{10.2.78}$$

$F(\sigma)$ 的相对偏差公式为

$$\frac{\sqrt{D(F)}}{\overline{F(\sigma)}} = \frac{\sqrt{\overline{[F(\sigma)]^2} - [\overline{F(\sigma)}]^2}}{\overline{F(\sigma)}} \tag{10.2.79}$$

由式（10.2.55）、式（10.2.67）和式（10.2.77）～式（10.2.79）就可算出各宏观力学量的统计偏差，其近似结果如下。

对于延伸率，其平均平方偏差和相对偏差分别为

$$D(\varepsilon_f) = \frac{(1-m)(\bar{\varepsilon}_f)^2}{4m^2[\ln(VN(\varepsilon_f))]^2} \tag{10.2.80}$$

$$\frac{\sqrt{D(\varepsilon_f)}}{\bar{\varepsilon}_f} = \frac{\sqrt{1-m}}{2m\ln(VN(\varepsilon_f))} \tag{10.2.81}$$

对于强度，其平均平方偏差和相对偏差分别为

$$D(\sigma_f) = \frac{(\bar{\sigma}_f)^2}{4[\ln(VN(\varepsilon_f))]^2} \tag{10.2.82}$$

$$\frac{\sqrt{D(\sigma_f)}}{\bar{\sigma}_f} = \frac{1}{2\ln(VN(\varepsilon_f))} \tag{10.2.83}$$

对于塑性功，其平均平方偏差和相对偏差分别为

$$D(w_f) = \frac{(m+1)^2(\bar{w}_f)^2}{4m^2[\ln(VN(\varepsilon_f))]^2} \tag{10.2.84}$$

$$\frac{\sqrt{D(w_f)}}{\bar{w}_f} = \frac{m+1}{2m\ln(VN(\varepsilon_f))} \tag{10.2.85}$$

对于裂纹扩展力，其平均平方偏差和相对偏差分别为

$$D(G_{Ic}) = \frac{(m+1)^2 (\bar{G}_{Ic})^2}{4m^2 [\ln(VN(\varepsilon_f))]^2} \tag{10.2.86}$$

$$\frac{\sqrt{D(G_{Ic})}}{\bar{G}_{Ic}} = \frac{m+1}{2m\ln(VN(\varepsilon_f))} \tag{10.2.87}$$

对于断裂韧性,其平均平方偏差和相对偏差分别为

$$D(K_{Ic}) = \frac{(m+1)^2 (\bar{K}_{Ic})^2}{16m^2 [\ln(VN(\varepsilon_f))]^2} \tag{10.2.88}$$

$$\frac{\sqrt{D(K_{Ic})}}{\bar{K}_{Ic}} = \frac{m+1}{4m\ln(VN(\varepsilon_f))} \tag{10.2.89}$$

由以上结果可见,硬化指数 m 越小(材料越脆),各力学量的统计偏差就越大;反之,结论相反。同样,统计偏差也存在着变化较小的尺寸效应。由式(10.2.81)、式(10.2.83)、式(10.2.87)、式(10.2.89)可看出,强度、断裂韧性、延伸率、裂纹扩展力这四者相对偏差之比为 $\frac{1}{2} : \frac{m+1}{4m} : \frac{\sqrt{1-m}}{2m} : \frac{m+1}{2m} = 0.5 : 2.75 : 4.74 : 5.5$ (取 $m=0.1$)。这就说明,就相对分散来说,强度的分散最小,断裂韧性的分散远比强度的分散大,延伸率的分散更大,裂纹扩展力的分散最大。可见,延伸率的实验数据远比强度的实验数据分散,这也是理论的一个自然推论。对于裂纹扩展力的预言是否正确,有待实验检验。

本节从微裂纹在很小的塑性形变过程中按位错机理随机演化而导致固体脆性断裂这一基本思路出发,从理论上统一求得了微裂纹的长大速率、分布函数、脆性断裂概率与可靠性以及强度、塑性和韧性等各宏观力学量的统计分布函数、统计平均值与统计偏差,所有这些结果,都由同一组物理量表示。与现有其他脆性断裂理论相比,本部分理论有两个显著特点。

(1) 从理论框架来说,本部分理论突出了微裂纹动力学、塑性形变、统计性、微观机理与宏观特性相结合这四者的有机联系,因而比较符合断裂的客观实际,理论上有进一步发展的可能性。而现有的其他理论,特别是目前被广为重视的断裂力学理论,由于其立足点是连续弹性体内静态微裂纹的失稳性,不考虑固体的微观结构与断裂的动力学过程,因此在这样的理论框架内,要想建立起一套较为完满的断裂理论目前看来是很困难的。

(2) 从具体结果来看,本书所推导出的各种表达式,其观点统一,物理意义清楚,概括了断裂过程的多方面特性,不仅能较广泛解释已有的实验结果,而且提出了一些

预言。这也是现有其他理论难以做到的。

当然，由于脆性断裂过程复杂，影响因素很多，作为新的探索，本理论只是初步的，其中不少近似还有待改进。

10.3 疲劳断裂非平衡统计理论

1. 疲劳微裂纹长大的位错机理和统计特性

如何将金属疲劳的微观物理过程与宏观统计特性相结合，基于微裂纹演化的微观动力学建立疲劳断裂理论，从而有望统一导出疲劳的基本规律，并以一组更基本的物理量进行表述，这是一个复杂而又困难的课题。该课题的圆满解决，将为提高疲劳寿命，实现疲劳设计提供指导性的理论根据。10.2 节使用非平衡统计的概念和方法尝试建立了金属脆性断裂理论，得到了一些积极结果。这种理论的特点是能将微裂纹动力学、塑性形变、统计性以及微观机理与宏观特性相结合四者有机联系起来，因此其理论框架比较符合实际，可概括的物理现象也比较多。在这些工作的基础上，还将继续探索，建立一个能较全面反映疲劳过程主要特性的微观与宏观相结合的疲劳断裂非平衡统计理论。

（1）物理图像。

所谓疲劳，通常是指振幅远小于断裂强度的交变应力反复作用而造成的金属断裂。疲劳现象复杂，影响因素很多，其中有些问题迄今尚未完全明确。为了抓住本质，形成概念，必须从如下最基本的实验事实出发进行研究。

实验证明，在交变外应力作用下，金属不断发生交变塑性形变，其微观结构与宏观特性不断变化，微裂纹在其内部不断演化，持续到金属断裂为止，所有这些都是不可逆的。

实验证明，疲劳断裂过程是由微裂纹的演化过程直接决定的。光滑无裂纹的金属，在疲劳前期，其内部有很多不同大小的微裂纹在成核长大，而后期总是由一个主裂纹高速传播导致金属断裂。

实验指出，没有交变的塑性形变就没有疲劳，微裂纹的成核长大就是在多次微量反复不均匀的交变塑性形变过程中，由位错滑移相互作用引起的。位错滑移及其相互作用是微裂纹成核长大的微观基础。

实验显示，由于实际金属内部微观成分、缺陷、显微组织及塑性形变的不均匀性，其疲劳裂纹的扩展速率、疲劳寿命总是对结构敏感且有规律分散的,从而充分体现出疲劳规律的统计特性。基于此,认为以下几点是合理推论。

①疲劳断裂过程是个非平衡不可逆的动力学过程,其实质是由交变应力作用下的微裂纹成核长大和传播过程决定的。

②整个疲劳过程基本上可分为两个阶段,即大量微裂纹的成核长大过程和单个主裂纹的传播过程。

③位错滑移及其相互作用是微裂纹成核长大的微观物理基础,为金属微观结构与宏观特性之间提供了可能的具体联系。

④微裂纹演化过程所遵循的规律是随机性的,而非确定性的,因而整个疲劳的基本规律也是统计性的。这种统计性正是金属微观结构与宏观特性联系的桥梁。

(2) 微裂纹长大的随机方程。

接下来给出这种长大过程的随机方程。设 N 表示金属受交变应力作用的循环周数(简称周),动力学变量 $c(N)$ 表示 N 周时微裂纹的长度,$\dot{c}(N)$ 表示 N 周时微裂纹的长大速率。由于将金属微观结构视为在确定性背景结构上叠加了随机性涨落,因此微裂纹的长大速率应遵守下述广义朗之万方程

$$\dot{c}(N) = K(c,N) + f(c,N) \tag{10.3.1}$$

式中,$K(c,N)$ 为长大速率的确定性部分,又称迁移长大速率,它是由平均结构与外加交变应力共同决定的;$f(c,N)$ 为长大速率的随机性部分,又称涨落长大速率,它是由不均匀性涨落与外加交变应力共同决定的。由于微裂纹的长大仅与当时及稍早的外应力和金属的微观结构有关,而与其更早的历史条件无关,故可将其长大过程视为马尔可夫过程。通常 $f(c,N)$ 函数未知,但对于低速率长大的微裂纹,要证明 $f(c,N) = cf(N)$,应假设

$$\begin{cases} <f(N)> = 0 \\ <f(N)f(N')> = D\delta(N-N') \end{cases} \tag{10.3.2}$$

即 $f(N)$ 是高斯分布的,其平均值为零,而其相关函数是 δ 函数型的。D 为涨落长大系数。这样,式 (10.3.1) 变为

$$\dot{c}(N) = K(c,N) + cf(N) \tag{10.3.3}$$

根据随机理论,与式 (10.3.3) 等价的福克 – 普朗克方程为

$$\frac{\partial P(c_0,c;N)}{\partial N} = -\frac{\partial}{\partial c}\left[\left(K(c) + \frac{Dc}{2}\right)P(c_0,c;N)\right] + \frac{D}{2}\frac{\partial^2}{\partial c^2}[c^2 P(c_0,c;N)] \tag{10.3.4}$$

式中，$P(c_0,c;N)\mathrm{d}c$ 是起始长度为 c_0 的微裂纹经 N 周交变应力作用长大到 c 至 $c+\mathrm{d}c$ 间的概率，简称概率密度函数。式（10.3.4）的物理意义为，微裂纹概率密度函数的变化率（左边）是由迁移长大（右边第一项）和涨落长大（右边第二项）共同决定的。

当已知 $K(c,N)$ 和 D 时，就可由式（10.3.4）解出 $P(c_0,c;N)$。怎样才能得知 $K(c,N)$ 和 D？这就需要从研究微裂纹长大的微观机理来解决问题。

(3) 迁移长大的位错机理和速率。

接下来讨论疲劳微裂纹的迁移长大速率。由于实际长大过程复杂，因此为了有一个较清晰的物理图像，利用下述简化的位错模型。如图 10.3.1 所示，当长度为 c 的微裂纹受振幅为 σ_a 的拉压交变应力作用时，在拉伸的每个半周内，由于切应力 τ 的作用，微裂纹顶端沿着最有利的两个对称的滑移面放出位错，产生滑移，同时，拉应力 σ_a 将微裂纹顶端稍微拉开，结果微裂纹沿着与 σ_a 垂直的方向长大。应该指出，从微裂纹顶端两个对称的滑移面上各放出一个位错引起微裂纹长大，实质上可看作从这两个滑移面上各吸入一个符号相反的位错到微裂纹顶端，再合成一个位错，挤入微裂纹内，使之长大。

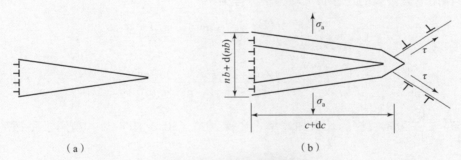

图 10.3.1　简化的位错模型

(a) 零载荷；(b) 最大拉应力

根据位错理论，图 10.3.1 所示长度为 c 的微裂纹的静态能为

$$U = 2G_{\mathrm{Ic}}c - \frac{\pi(1-\nu^2)\sigma_a^2 c^2}{2E} - \frac{nbc\sigma_a}{2} - \frac{(nb)^2 E}{8\pi(1-\nu^2)} \tag{10.3.5}$$

式中，b 为伯格斯矢量的大小；n 为挤入微裂纹尖劈内的位错数；E 为金属的杨氏模量；G_{Ic} 为金属的裂纹扩展力；ν 为泊松比。而微裂纹在金属中的动能（考虑了塑性形变的影响）为

$$T = \frac{k\rho_0 c^2 \dot{c}^2 \sigma_a^{4/(1+m)}}{2E\sigma_A^{2/(1+m)}} \tag{10.3.6}$$

式中，ρ_0 为金属密度；σ_A 为金属的强度系数；m 为硬化指数；$k = 5.45$。

从式（10.3.5）可证，当

$$nb = n_k b = \frac{2\pi(1-\nu^2)\sigma_a c}{E} \tag{10.3.7}$$

$$c = c_k = \frac{G_{Ic}E}{\pi(1-\nu^2)\sigma_a^2} \tag{10.3.8}$$

时裂纹将高速传播。

将 $\dot{c} = \dfrac{\mathrm{d}c}{\mathrm{d}t} = \dfrac{\mathrm{d}c}{\mathrm{d}N}\Big/\dfrac{\mathrm{d}t}{\mathrm{d}N} = \dfrac{\dot{c}_N}{T_N}$ 代入式（10.3.6），应有

$$T = \frac{k\rho_0 c^2 \dot{c}_N^2 \sigma_a^{4/(1+m)}}{2T_N^2 E \sigma_A^{2/(1+m)}} \tag{10.3.9}$$

式中，T_N 为交变应力的周期；$\dot{c}_N$ 为式（10.3.1）中微裂纹的迁移长大速率 $K(c,N)$。之所以认为 $\dot{c}_N$ 是迁移长大速率，是因为式（10.3.5）和式（10.3.9）中所有其他宏观物理量都是平均值。

根据能量守恒定律，将 $\dfrac{\mathrm{d}(T+U)}{\mathrm{d}N}=0$ 代入式（10.3.5）和式（10.3.9），则得在交变应力作用下微裂纹的迁移长大动力学方程为

$$c\dot{c}_N\ddot{c}_N + \dot{c}_N^3 + \frac{T_N^2 E \sigma_A^{2/(1+m)}}{2k\rho_0 c \sigma_a^{4/(1+m)}}\left[2G_{Ic} - \frac{nb\sigma_a}{2} - \frac{\pi(1-\nu^2)\sigma_a^2 c}{E}\right]\dot{c}_N - $$
$$\frac{T_N^2 E \sigma_A^{2/(1+m)}}{2k\rho_0 c \sigma_a^{4/(1+m)}}\left[\frac{\sigma_a c}{2} + \frac{nbE}{4\pi(1-\nu^2)}\right]\frac{\mathrm{d}(nb)}{\mathrm{d}N} = 0 \tag{10.3.10}$$

式中，$\ddot{c}_N = \dfrac{\mathrm{d}\dot{c}_N}{\mathrm{d}N}$ 为微裂纹的长大加速率。在得到式（10.3.10）时，利用了每循环一周交变应力变化 $\dfrac{\mathrm{d}\sigma}{\mathrm{d}N}=0$ 的条件。

需要在此证明：式（10.3.10）中的微裂纹尖劈内每周增加的位错数 $\dfrac{\mathrm{d}n}{\mathrm{d}N}$ 就是从微裂纹顶端两个滑移面上每周各放出的位错数。设 n_1 为微裂纹内的总位错数，$\rho_1(x)$ 为其位错线密度，则 $n_1 = \int_0^c \rho_1(x)\mathrm{d}x$。微裂纹内每周增加的位错数为

$$\frac{\mathrm{d}n_1}{\mathrm{d}N} = \rho_1(c)\frac{\mathrm{d}c}{\mathrm{d}N} + \int_0^c \frac{\partial \rho_1(x)}{\partial N}\mathrm{d}x$$

式中，$\rho_1(c)\dfrac{\mathrm{d}c}{\mathrm{d}N} = \dfrac{\mathrm{d}n}{\mathrm{d}N}$。因微裂纹的长大直接来自其内部位错密度的增加，若经一个应力循环，微裂纹长度 c 不变，则其中的位错密度也不变，故 $\int_0^c \dfrac{\partial \rho_1(x)}{\partial N}\mathrm{d}x = 0$，于是 $\dfrac{\mathrm{d}n}{\mathrm{d}N} = \dfrac{\mathrm{d}n_1}{\mathrm{d}N}$。

在前面已指出，从微裂纹顶端两个对称的滑移面上，各放出一个位错与从顶端挤入一个符号相反的位错到微裂纹内是等价的，故得所证。

从式（10.3.10）难以解出 $\dot{c}_N$ 的整个表达式，但在小 $\dot{c}_N$ 及 $c \ll c_k$ 时，即在疲劳微裂纹的低速长大阶段，可略去 $\dot{c}_N^3$ 和 $\ddot{c}_N$ 项，则由式（10.3.10）可得迁移长大速率为

$$\dot{c}_N \approx \frac{\left[\dfrac{\sigma_a c}{2} + \dfrac{nbE}{4\pi(1-\nu^2)}\right]\dfrac{\mathrm{d}(nb)}{\mathrm{d}N}}{2G_{\mathrm{Ic}} - \dfrac{nb\sigma_a}{2} - \dfrac{\pi(1-\nu^2)\sigma_a^2 c}{E}} \tag{10.3.11}$$

可见这时疲劳微裂纹的迁移长大速率是与 $\dfrac{\mathrm{d}(nb)}{\mathrm{d}N} > 0$，即与微裂纹顶端每周放出的位错数密切相关的。若 $\dfrac{\mathrm{d}(nb)}{\mathrm{d}N} = 0$，则 $\dot{c}_N = 0$，微裂纹没有迁移长大。

为了进一步求出式（10.3.10）中 $\dot{c}_N$ 的表达式，用下述近似方法来求 $\dfrac{\mathrm{d}(nb)}{\mathrm{d}N}$ 和 nb。设 N_0 为单位体积内活动位错源的平均数，L 为滑移面平均长度，当每个位错源每周放出 $\dfrac{\mathrm{d}(nb)}{\mathrm{d}N}$ 时，其所引起的塑性形变为 $N_0 L^2 \dfrac{\mathrm{d}(nb)}{\mathrm{d}N}$，这种变形正是交变塑性形变振幅 ε_p 引起的，即

$$N_0 L^2 \frac{\mathrm{d}(nb)}{\mathrm{d}N} \approx \varepsilon_\mathrm{p} \tag{10.3.12}$$

在金属疲劳中，存在着普遍经验公式

$$\sigma_a = \sigma_0 \varepsilon_\mathrm{p}^\beta \tag{10.3.13}$$

式中，β 为交变应变硬化指数；σ_0 为交变强度系数。由式（10.3.12）和式（10.3.13），得

$$\frac{\mathrm{d}(nb)}{\mathrm{d}N} = \frac{1}{N_0 L^2}\left(\frac{\sigma_a}{\sigma_0}\right)^{1/\beta} \tag{10.3.14}$$

由于当微裂纹接近声速传播时，nb 与 c 间应近似满足式（10.3.7），因此可将式（10.3.7）和式（10.3.14）代入式（10.3.11），得

$$\dot{c}_N \approx \frac{\dfrac{\sigma_a^{(1+\frac{1}{\beta})}c}{N_0 L^2 \sigma_0^{1/\beta}}}{2G_{\mathrm{Ic}} - \dfrac{2\pi(1-\nu^2)\sigma_a^2 c}{E}} = \frac{E\sigma_a^{(\frac{1}{\beta}-1)}(\Delta K)^2}{2\pi(1-\nu^2)N_0 L^2 \sigma_0^{1/\beta}}\cdot\frac{1}{K_{\mathrm{Ic}}^2 - (\Delta K)^2} \tag{10.3.15}$$

式中，$K_{\mathrm{Ic}}^2 = \dfrac{G_{\mathrm{Ic}}E}{1-\nu^2}$ 为金属的断裂韧性；$\Delta K = \sigma_a \sqrt{\pi c}$ 为应力强度因子振幅。式（10.3.15）就是从微裂纹长大的位错机理出发直接求得的微裂纹迁移长大速率。显然，仅就

$\dot{c}_N \sim \dfrac{(\Delta K)^2}{K_{\mathrm{Ic}} - \Delta K}$ 这点来看，式（10.3.15）是与福尔曼（Forman）型经验公式相符的。但是应该指出，尽管在式（10.3.15）中，从形式上看，当 $\Delta K \to K_{\mathrm{Ic}}$ 时，$\dot{c}_N \to \infty$，实际上，由于从式（10.3.11）推算时就已明确结果仅适用于微裂纹的低速长大阶段，因此其不适用于 $\Delta K \to K_{\mathrm{Ic}}$ 时的高速传播。当 $\Delta K \to K_{\mathrm{Ic}}$ 时，虽然 $\dot{c}_N$ 很大，但其数值仍是有限的。因此，福尔曼型经验公式的价值仅在于它指出当 $\Delta K \to K_{\mathrm{Ic}}$ 时 $\dot{c}_N$ 突然变大，而不是它真正给出了 $\Delta K \to K_{\mathrm{Ic}}$ 时关于 $\dot{c}_N$ 的表达式。

当 $K_{\mathrm{Ic}} \gg \Delta K$ 时，式（10.3.15）变为

$$\dot{c}_N \approx \dfrac{\sigma_{\mathrm{a}}^{(1+\frac{1}{\beta})} c}{2 N_0 L^2 G_{\mathrm{Ic}} \sigma_0^{1/\beta}} = \dfrac{\sigma_{\mathrm{a}}^{(\frac{1}{\beta}-1)} (\Delta K)^2}{2\pi N_0 L^2 G_{\mathrm{Ic}} \sigma_0^{1/\beta}} \tag{10.3.16}$$

这就是疲劳微裂纹在低速阶段的迁移长大速率。它说明，交变应力振幅 σ_{a} 越大，微裂纹长度 c 越大，活动位错源平均数 N_0 越小，滑移面平均长度 L 越短，裂纹扩展力 G_{Ic} 越小，交变强度系数 σ_0 越小，交变应变硬化指数 β 越小，则迁移长大速率 $\dot{c}_N$ 越大；反之，结果相反。由此可见，即使将迁移长大速率看成是总的长大速率，式（10.3.16）与过去已有结果也差别甚大；但若仅就 $\dot{c}_N \sim (\Delta K)^2$ 这点来看，它却与帕里斯（Paris）型经验公式及某些理论结果是一致的。

为简化起见，可将式（10.3.16）写为

$$\dot{c}_N = Ac = B(\Delta K)^2 \tag{10.3.17}$$

式中

$$A = \dfrac{\sigma_{\mathrm{a}}^{(1+\frac{1}{\beta})}}{2 N_0 L^2 G_{\mathrm{Ic}} \sigma_0^{1/\beta}} = \pi \sigma_{\mathrm{a}}^2 B \tag{10.3.18}$$

为何在帕里斯型经验公式 $\dot{c}_N \sim (\Delta K)^{m_1}$ 中，各个实验所得的指数 m_1 并不完全相同，而多数都在 $2 \sim 4$ 之间变化？从本章观点来看，原因之一可能是微裂纹总的长大速率是由迁移长大速率和涨落长大速率两部分共同决定的（见式（10.3.3）），不同文献所得的涨落长大速率不同，导致其结果存在差异。

式（10.3.11）~式（10.3.18）的结果都是在小 $\dot{c}_N$ 及 $c \ll c_k$ 时得到的，现在来求 c 接近 c_k，即 ΔK 接近 K_{Ic} 时可得疲劳裂纹的迁移长大速率 $\dot{c}_{Nk}$。由式（10.3.7）和式（10.3.8）可知，当 $c \to c_k$ 时，$2 G_{\mathrm{Ic}} - \dfrac{nb\sigma_{\mathrm{a}}}{2} - \dfrac{\pi(1-\nu^2)\sigma_{\mathrm{a}}^2 c}{E} \to 0$，代入式（10.3.10）并略去 $\ddot{c}_N$，则得

$$\dot{c}_{Nk} \approx \left\{ \dfrac{T_N^2 E \sigma_{\mathrm{A}}^{2/(1+m)}}{2k\rho_0 c \sigma_{\mathrm{a}}^{4/(1+m)}} \left[\dfrac{\sigma_{\mathrm{a}} c}{2} + \dfrac{nbE}{4\pi(1-\nu^2)} \right] \dfrac{\mathrm{d}(nb)}{\mathrm{d}N} \right\}^{1/3} \tag{10.3.19}$$

再将式（10.3.7）、式（10.3.8）和式（10.3.14）代入式（10.3.19），得

$$\dot{c}_{Nk} \approx \left[\frac{T_N^2 E \sigma_A^{\frac{2}{1+m}} \sigma_a^{\frac{(1+\beta)(1+m)-4\beta}{(1+m)\beta}}}{2k\rho_0 N_0 L^2 \sigma_0^{1/\beta}}\right]^{1/3} \quad (10.3.20)$$

随着裂纹长度 c 的进一步长大，其速率为

$$\dot{c}_N \to \dot{c}_{Nm} = \left[\frac{\pi(1-\nu^2)E}{4k\rho_0}\right]^{1/2} T_N$$

式中，$\left(\frac{E}{\rho_0}\right)^{1/2}$ 为应力波在金属中的传播速率。由此可见，当微裂纹长度 $c \to c_k$ 时，因它在热力学上已不稳定，其长大速率将突然增至 $\dot{c}_{Nm}$ 而使金属断裂。这也正是 $\Delta K \to K_{Ic}$ 时通常所谓 $\dot{c}_N \to \infty$ 的真实物理意义。

(4) 涨落长大系数。

如上所述，广义朗之万方程式（10.3.3）涨落长大速率中的 $f(N)$，在福克－普朗克方程中由等价的涨落长大系数 D 表示。因此，只要求出 D 的具体表达式，实质上就是求出了 $f(N)$。求解 D 所用的方法是直接从迁移长大速率 $K(c,N)$ 出发来研究涨落的起因，并在此基础上算出 D，使 D 可由 $K(c,N)$ 表示。

通常在福克－普朗克方程中，当迁移长大系数与涨落长大系数的起因截然不同时，两者间并不存在确定的函数关系；但当两者起因于同一事物的不同方面时，就应存在确定的函数关系，统计热力学中的爱因斯坦关系式就是一个已知的例子。对于所讨论的疲劳微裂纹长大这样的非平衡态问题，虽然迁移长大来自平均结构背景，涨落长大来自不均匀性涨落，但实际上两者都来自实际金属的微观结构，因此必然密切相关。

根据迁移长大来自平均结构的思想，在前面计算迁移长大速率时都取所有物理量的平均值，实际上，式（10.3.16）中活动位错源密度 N_0、滑移面长度 L、裂纹扩展力 G_{Ic}、交变强度系数 σ_0 都是结构敏感量。随着实际金属内部各处微观结构围绕平均背景的不均匀性涨落，它们在金属内部各处也必将各自围绕其平均值随机涨落。因此，代替平均值 N_0、L、G_{Ic} 和 σ_0 的，实际金属内部各处的活动位错源密度、滑移面长度、裂纹扩展力和交变强度系数应是 $N_0 \pm \Delta N_0$、$L \pm \Delta L$、$G_{Ic} \pm \Delta G_{Ic}$ 和 $\sigma_0 \pm \Delta \sigma_0$。其中，$\Delta N_0$，$\Delta L$、$\Delta G_{Ic}$ 和 $\Delta \sigma_0$ 分别为各个量的偏差，它们正是由微观结构的不均匀性涨落引起的。这样，与式（10.3.16）迁移长大速率相应的微裂纹的长大速率为

$$\dot{c}_N \approx \frac{\sigma_a^{(1+\frac{1}{\beta})}c}{2(N_0 \pm \Delta N_0)(L \pm \Delta L)^2(G_{Ic} \pm \Delta G_{Ic})(\sigma_0 \pm \Delta \sigma_0)^{1/\beta}}$$

$$\approx \frac{\sigma_a^{(1+\frac{1}{\beta})}c}{2N_0 L^2 G_{Ic}\sigma_0^{1/\beta}}\left[1 \pm \left(\frac{\Delta N_0}{N_0} + \frac{\Delta G_{Ic}}{G_{Ic}} + \frac{2\Delta L}{L} + \frac{\Delta \sigma_0}{\beta \sigma_0}\right)\right] \quad (10.3.21)$$

在得到式（10.3.21）最后结果时，考虑了各相对偏差 $\frac{\Delta N_0}{N_0}$，$\frac{\Delta G_{Ic}}{G_{Ic}}$，$\frac{\Delta L}{L}$ 和 $\frac{\Delta \sigma_0}{\sigma_0}$ 都远小于 1，且略去了高次相对偏差项。

令总的相对偏差为

$$\eta = \frac{\Delta N_0}{N_0} + \frac{\Delta G_{Ic}}{G_{Ic}} + \frac{2\Delta L}{L} + \frac{\Delta \sigma_0}{\beta \sigma_0} \tag{10.3.22}$$

则式（10.3.21）变为

$$\dot{c}(N) \approx Ac \pm \eta Ac \tag{10.3.23}$$

式中，Ac 为平均长大速率，ηAc 为涨落长大速率。式（10.3.23）正证明了为何低速率长大时式（10.3.3）的形式是正确的。

为了求出涨落长大系数 D，采用下列近似方法。对式（10.3.23）积分，得

$$c = c_0 \exp(AN \pm \eta AN) = \bar{c} \exp(\eta AN) \tag{10.3.24}$$

式中，c_0 为微裂纹起始长度。由此得微裂纹的相对偏差为

$$\frac{\sqrt{\Delta c^2}}{\bar{c}} = \frac{\sqrt{c^2 - \bar{c}^2}}{\bar{c}} = [\exp(2\eta AN) - 1]^{1/2} \tag{10.3.25}$$

另外，由后面的式（10.3.31）和式（10.3.32）（其具体推导过程见后文）求出微裂纹严格的相对偏差为

$$\frac{\sqrt{\Delta c^2}}{\bar{c}} = [\exp(DN) - 1]^{1/2} \tag{10.3.26}$$

由式（10.3.25）和式（10.3.26）相等可知

$$D = 2\eta A = \frac{\eta \sigma_a^{(1+\frac{1}{\beta})}}{N_0 L^2 G_{Ic} \sigma_0^{1/\beta}} \tag{10.3.27}$$

这样，与迁移长大速率式（10.3.16）类似，涨落长大系数 D 也可以由反映实际金属特性的一组同样的物理量 N_0，L，G_{Ic}，σ_0 及交变应力振幅 σ_a 表示。由于缺乏实验数据，无法由式（10.3.22）计算，但因涨落长大应比迁移长大小很多，故通常取 η 为 0.3。

（5）概率密度函数。

接下来求解微裂纹的概率密度函数 $P(c_0, c; N)$。考虑到福克－普朗克方程仅在其迁移长大系数为常数或线性项时才能得到较简单的解析解，且只能分段解出迁移长大速率 $K(c, N)$ 的表达式，故本节只讨论对疲劳寿命起决定作用的低速率长大阶段的解。将式（10.3.16）和式（10.3.27）代入式（10.3.4），则得

$$\frac{\partial P(c_0,c;N)}{\partial N} = -\frac{\partial}{\partial c}\left[\frac{\sigma_a^{(1+\frac{1}{\beta})}(1+\eta)c}{2N_0 L^2 G_{Ic}\sigma_0^{1/\beta}}P(c_0,c;N)\right] +$$

$$\frac{\sigma_a^{(1+\frac{1}{\beta})}}{2N_0 L^2 G_{Ic}\sigma_0^{1/\beta}}\frac{\partial^2}{\partial c^2}[c^2 P(c_0,c;N)] \tag{10.3.28}$$

因未受交变应力时金属中微裂纹的起始长度为 c_0，而在受交变应力过程中微裂纹只长大不缩小，即金属中不存在小于 c_0 的微裂纹，故式（10.3.28）的起始条件和边界条件为

$$\begin{cases} P(c_0,c;N=0) = \delta(c-c_0) \\ P(c_0,c;N) = \theta(c-c_0)P(c_0,c;N) \end{cases} \tag{10.3.29}$$

其中

$$\theta(c-c_0) = \begin{cases} 1, c \geq c_0 \\ 0, c < c_0 \end{cases}$$

从式（10.3.28）不难求得满足条件式（10.3.29）的解为

$$P(c_0,c;N)\mathrm{d}c = \frac{\theta(c-c_0)\exp\left\{-\dfrac{\left[\ln\dfrac{c}{c_0}-\dfrac{\sigma_a^{(1+\frac{1}{\beta})}N}{2N_0 L^2 G_{Ic}\sigma_0^{1/\beta}}\right]^2}{\dfrac{2\eta\sigma_a^{(1+\frac{1}{\beta})}N}{N_0 L^2 G_{Ic}\sigma_0^{1/\beta}}}\right\}\mathrm{d}c}{\sqrt{\dfrac{2\pi\eta\sigma_a^{(1+\frac{1}{\beta})}Nc^2}{N_0 L^2 G_{Ic}\sigma_0^{1/\beta}}}} \tag{10.3.30}$$

$P(c_0,c;N)\mathrm{d}c$ 的物理意义，对单个微裂纹来讲，前面式（10.3.4）已有说明；对多个微裂纹则可理解为，在宏观成分、工艺条件及外形尺寸相同的金属试样系综中，若有一组相互独立的几何外形相同的起始长度都为 c_0 的微裂纹，经相同条件的交变应力作用 N 周时，任一微裂纹长大到长度在 c 和 $c+\mathrm{d}c$ 间的概率就由式（10.3.30）表示。不难证明，$P(c_0,c;N)$ 满足归一化条件 $\int_{c_0}^{\infty}P(c_0,c;N)\mathrm{d}c = 1$。

由式（10.3.30）可见，$P(c_0,c;N)$ 是 c 的对数正态分布函数，而且随着周数 N 的增加，在迁移长大和涨落长大的共同影响下，其形状在不断变化。

经 N 周交变应力作用时，微裂纹的平均长度为

$$\bar{c} = <c> = c_0 \exp\left[\frac{\sigma_a^{(1+\frac{1}{\beta})}(1+\eta)N}{2N_0 L^2 G_{Ic}\sigma_0^{1/\beta}}\right] \tag{10.3.31}$$

其平均方差为

$$\overline{\Delta c^2} = <\Delta c^2> = c_0^2 \exp\left[\frac{\sigma_a^{(1+\frac{1}{\beta})}(1+\eta)N}{N_0 L^2 G_{Ic}\sigma_0^{1/\beta}}\right]\left[\exp\left(\frac{\eta\sigma_a^{(1+\frac{1}{\beta})}N}{N_0 L^2 G_{Ic}\sigma_0^{1/\beta}}\right)-1\right] \quad (10.3.32)$$

N 周时微裂纹的概率密度函数的极大值为

$$P_m(c_0, c_m; N) = \frac{\exp\left[-\dfrac{\sigma_a^{(1+\frac{1}{\beta})}(1-\eta)N}{2N_0 L^2 G_{Ic}\sigma_0^{1/\beta}}\right]}{\sqrt{\dfrac{2\pi\eta\sigma_a^{(1+\frac{1}{\beta})}Nc_0^2}{N_0 L^2 G_{Ic}\sigma_0^{1/\beta}}}} \quad (10.3.33)$$

式中

$$c_m = c_0 \exp\left[\frac{\sigma_a^{(1+\frac{1}{\beta})}(1-2\eta)N}{2N_0 L^2 G_{Ic}\sigma_0^{1/\beta}}\right] \quad (10.3.34)$$

由式（10.3.31）~式（10.3.33）可见，平均长度、平均方差及概率密度函数极大值是随交变应力振幅 σ_a，周数 N 及金属特性量 N_0、L、G_{Ic}、σ_0 及 β 而变的。对于一种确定的金属，交变应力振幅 σ_a、周数 N 越大，则平均长度和平均方差越大，概率密度函数极大值越小；而当 σ_a 和 N 固定时，金属的活动位错源 N_0、滑移面长度 L、裂纹扩展力 G_{Ic} 及交变强度系数 σ_0 越小，则平均长度和平均方差越大，概率密度函数极大值越小；反之，结果相反。因 N、σ_a、G_{Ic} 和 σ_0 是宏观可测量的，故它们对平均长度、平均方差及概率密度函数极大值的影响是直接可测的，这将为今后实验检验理论开辟一个新途径。

现在将疲劳微裂纹的长大速率由应力强度因子振幅表示，将式（10.3.16）和式（10.3.17）代入式（10.3.23），得

$$\dot{c}(N) = \frac{dc}{dN} = B(\Delta K)^2(1\pm\eta) = \frac{\sigma_a^{(\frac{1}{\beta}-1)}(\Delta K)^2(1\pm\eta)}{2\pi N_0 L^2 G_{Ic}\sigma_0^{1/\beta}} \quad (10.3.35)$$

对式（10.3.35）两边取对数，得

$$\ln\frac{dc}{dN} = 2\ln(\Delta K) + \ln\left[\frac{\sigma_a^{(\frac{1}{\beta}-1)}}{2\pi N_0 L^2 G_{Ic}\sigma_0^{1/\beta}}\right] + \ln(1\pm\eta) \quad (10.3.36)$$

可见，$\ln\dfrac{dc}{dN}$ 随 $\ln(\Delta K)$ 直线增加，且 $\ln\dfrac{dc}{dN}$ 的偏差总在 $[\ln(1-\eta), \ln(1+\eta)]$ 区间内，与 ΔK 的变化无关。将式（10.3.3）中的 $K(c,N)$ 以式（10.3.17）表示，可以得到与式（10.3.3）相同的结果，只不过式（10.3.36）右边最后一项 $\ln(1\pm\eta)$ 由 $\ln[1+f(N)/(\pi\sigma_a^2 B)]$ 所代替。

微裂纹长度及长大速率的统计分布特性已被实验所证实。至于分布函数的确切性质及由哪些物理量决定，并以什么样的函数形式变化，有待于今后系统的实验检验。

本节所得的一些结果，只能暂作理论预言。

2. 从微观机理到疲劳断裂的宏观特性

本节第 1 部分从随机方程出发，以位错理论为基础，讨论了疲劳微裂纹长大的微观机理和统计特性。下面将继续结合位错机理，从微裂纹随机演化出发来研究疲劳断裂的宏观统计特性。

（1）微裂纹演化方程。

首先来求实际疲劳断裂过程中微裂纹的演化方程。在这种过程中，金属内部通常并不是一个或若干个起始长度同为 c_0 的微裂纹在同时开始随机长大，而是很多个微裂纹在外加交变应力作用过程中不断随机成核长大。这种过程显然是一个非平衡统计过程，又称随机过程。描述这种过程的方程称为微裂纹演化方程。设 N 为金属受交变应力作用的循环周数；c 为微裂纹长度；密度分布函数 $M(c,N)\mathrm{d}c$ 为 N 周时单位体积内在长度 c 和 $c+\mathrm{d}c$ 间的微裂纹数目；$M(N) = \int_{c_0}^{\infty} M(c,N)\mathrm{d}c$ 为 N 周时单位体积内微裂纹的总数目；$K(c,N)$ 为 N 周时微裂纹 c 的迁移长大速率；D 为涨落长大系数；$q(N)$ 为 N 周时单位体积单位周数内微裂纹成核的数目。根据微裂纹数目平衡原理，则 $M(c,N)$ 应遵守下列微分方程

$$\frac{\partial M(c,N)}{\partial N} = -\frac{\partial}{\partial c}\left[\left(K(c,N) + \frac{Dc}{2}\right)M(c,N)\right] + \frac{D}{2}\frac{\partial^2}{\partial c^2}[c^2 M(c,N)] + q(N)\delta(c-c_0) \tag{10.3.37}$$

式中，c_0 为微裂纹核的长度；$\delta(c-c_0)$ 为狄拉克函数。式（10.3.37）就是描述疲劳断裂过程主要阶段——微裂纹随机成核长大的演化方程，它的物理意义为，微裂纹数目随周数的变化率来自三部分，即迁移长大（右边第一项）、涨落长大（右边第二项）及成核（右边第三项）；可见它包含着成核和随机长大的全部内容。此外，式（10.3.37）中略去了微裂纹的相互合并长大。

由于式（10.3.37）对周数的时间反演是不对称的，因此它反映了疲劳断裂过程的不可逆性。

若导致疲劳断裂的微裂纹是在外加交变应力作用过程中形成的，未受外应力时无此种微裂纹，且因金属未断裂时，其内部不存在无限大的微裂纹，则式（10.3.37）的起始条件和边界条件为

$$M(c,N=0) = 0, \quad M(c\to\infty,N) = 0 \tag{10.3.38}$$

(2) 分布函数。

为了从式（10.3.37）解出微裂纹密度分布函数 $M(c,N)$，需给出迁移长大速率 $K(c,N)$、涨落长大系数 D 和成核率 $q(N)$。式（10.3.16）和式（10.3.27）是从微裂纹长大的位错机理得到的，因此可求出低速阶段的

$$K(c,N) = Ac = \frac{\sigma_a^{(1+\frac{1}{\beta})} c}{2N_0 L^2 G_{Ic} \sigma_0^{1/\beta}} \tag{10.3.39}$$

$$D = \frac{\eta \sigma_a^{(1+\frac{1}{\beta})}}{N_0 L^2 G_{Ic} \sigma_0^{1/\beta}} \tag{10.3.40}$$

式中，N_0 为单位体积内活动位错源的平均数目；L 为滑移面平均长度；G_{Ic} 为裂纹扩展力；σ_0 为交变强度系数；β 为交变应变硬化指数；σ_a 为拉压交变应力振幅；η 为 4 个量各自相对偏差之和，即式（10.3.22）。

现在来求微裂纹的平均成核率 $q(N)$。因疲劳微裂纹是在交变塑性形变过程中由驻留滑移带形成的，故可认为它也是按位错塞积群机理成核的。设 M_0 为单位体积内微裂纹潜在核的平均数目，β_1 为金属每循环一周时每个潜在核形成微裂纹的概率，$M(N)$ 为 N 周时单位体积内形成的微裂纹的总平均数，因已形成的微裂纹处不能再形成新的微裂纹，故

$$dM(N) = \beta_1 [M_0 - M(N)] dN \tag{10.3.41}$$

为求 β_1，作如下近似考虑。因 $\frac{1}{c}\frac{dc}{dN}$ 为微裂纹每周的长大率，而成核与长大都是位错滑移的结果，潜在核长大到 c_0 时就是真正的核，故可取

$$\beta_1 \approx \left(\frac{1}{c}\frac{dc}{dN}\right)_{c_0} = A = \frac{\sigma_a^{(1+\frac{1}{\beta})}}{2N_0 L^2 G_{Ic} \sigma_0^{1/\beta}} \tag{10.3.42}$$

这里利用了式（10.3.39）的结果。将式（10.3.42）代入式（10.3.41）并积分，得

$$M(N) = M_0 [1 - \exp(-AN)] \tag{10.3.43}$$

由此得 N 周时单位体积内疲劳微裂纹的成核率

$$q(N) = \frac{dM(N)}{dN} = AM_0 \exp(-AN) \tag{10.3.44}$$

将式（10.3.39）、式（10.3.40）和式（10.3.44）代入式（10.3.37），则得由位错机理决定的疲劳微裂纹的演化方程

$$\frac{\partial M(c,N)}{\partial N} = -\frac{\partial}{\partial c}\left[\frac{\sigma_a^{(1+\frac{1}{\beta})}(1+\eta)c}{2N_0 L^2 G_{Ic} \sigma_0^{1/\beta}} M(c,N)\right] + \frac{\sigma_a^{(1+\frac{1}{\beta})}}{2N_0 L^2 G_{Ic} \sigma_0^{1/\beta}} \frac{\partial^2}{\partial c^2}[c^2 M(c,N)] +$$

$$\frac{M_0 \sigma_a^{(1+\frac{1}{\beta})}}{2N_0 L^2 G_{Ic} \sigma_0^{1/\beta}} \exp\left[-\frac{\sigma_a^{(1+\frac{1}{\beta})} N}{2N_0 L^2 G_{Ic} \sigma_0^{1/\beta}}\right] \delta(c - c_0) \tag{10.3.45}$$

利用傅里叶变换方法，即可由此二阶非齐次偏微分方程求得满足条件式（10.3.38）的解为

$$M(c,N) = \frac{\sigma_a^{(1+\frac{1}{\beta})} M_0}{2N_0 L^2 G_{Ic} \sigma_0^{1/\beta}} \int_0^N \frac{\exp\left[-\frac{\sigma_a^{(1+\frac{1}{\beta})} N'}{2N_0 L^2 G_{Ic} \sigma_0^{1/\beta}}\right]}{\sqrt{\frac{2\pi \eta \sigma_a^{(1+\frac{1}{\beta})}(N-N')c^2}{N_0 L^2 G_{Ic} \sigma_0^{1/\beta}}}} \cdot \exp\left\{-\frac{\left[\ln\frac{c}{c_0} - \frac{\sigma_a^{(1+\frac{1}{\beta})}(N-N')}{2N_0 L^2 G_{Ic} \sigma_0^{1/\beta}}\right]^2}{\frac{2\eta \sigma_a^{(1+\frac{1}{\beta})}(N-N')}{N_0 L^2 G_{Ic} \sigma_0^{1/\beta}}}\right\} dN'$$

$$= AM_0 \int_0^N \frac{\exp(-AN')}{\sqrt{2\pi D(N-N')c^2}} \cdot \exp\left\{-\frac{\left[\ln\frac{c}{c_0} - A(N-N')\right]^2}{2D(N-N')}\right\} dN' \tag{10.3.46}$$

这就是解得的微裂纹密度分布函数。这里之所以要将式（10.3.46）写成最后的形式，只是为了以后的计算简便。可见，在交变应力作用下 N 周时单位体积内在长度 c 和 $c+dc$ 间形成的微裂纹数目 $M(c,N)$ 是随交变应力振幅 σ_a 及金属特性量 N_0、L、G_{Ic}、σ_0 和 β 而变的。N 周时在单位金属体积内形成疲劳微裂纹的总平均数 $M(N) = \int_{c_0}^{\infty} M(c,N) dc = M_0[1 - \exp(-AN)]$，即式（10.3.43）的结果。

由式（10.3.46）求出微裂纹长度的概率分布函数

$$P(c,N) dc = \frac{M(c,N) dc}{M(N)}$$

$$= \frac{A}{1 - \exp(-AN)} \int_0^N \frac{\exp(-AN')}{\sqrt{2\pi D(N-N')c^2}} \cdot \exp\left[-\frac{\left(\ln\frac{c}{c_0} - AN'\right)^2}{2D(N-N')}\right] dN' \tag{10.3.47}$$

式中，$P(c,N) dc$ 的物理意义为，交变应力作用 N 周时，在金属单位体积内所有各种长度的微裂纹中找到长度在 c 和 $c+dc$ 间的微裂纹的概率。显然，$P(c,N) dc$ 也满足归一化条件 $\int_{c_0}^{\infty} P(c,N) dc = 1$。

由于式（10.3.47）的积分表示不便计算，在讨论断裂概率和疲劳寿命时，可用如下近似表达式取代，即

$$P(c,N) dc \approx \frac{1}{\sqrt{2\pi DNc^2}} \exp\left[-\frac{\left(\ln\frac{c}{c_0} - AN\right)^2}{2DN}\right] dc \tag{10.3.48}$$

（3）疲劳断裂概率。

如前所述，整个疲劳断裂过程可分为大量微裂纹的成核长大过程和单个主裂纹的

传播过程；前者是低速率的，后者是高速率的。由于裂纹传播速率以接近应力波的高速进行，因此只要一个主裂纹开始传播，金属立即断裂。这样，疲劳寿命基本上就由低速率过程决定，高速率过程的周数可以略去。以上讨论的是微裂纹的成核长大，现在来讨论由于主裂纹传播而直接导致的金属疲劳断裂。考虑到金属微观结构的不均匀性，当微裂纹长大到满足条件

$$c = \frac{G_{Ic}E}{\pi(1-\nu^2)\sigma_a^2} \tag{10.3.49}$$

时，将有一定的概率发生传播。若微裂纹长度在 c 和 $c+dc$ 间的概率为 $P(c,N)dc$，则其对应的交变应力振幅在 σ_a 和 $\sigma_a+d\sigma_a$ 间并使微裂纹传播的概率为 $P(\sigma_a,N)d\sigma_a$，根据概率论，应有 $P(\sigma_a,N)d\sigma_a = P(c,N)|dc|$，将式（10.3.48）和式（10.3.49）代入，则得

$$\begin{aligned} P(\sigma_a,N)d\sigma_a &= \sqrt{\frac{2}{\pi DN\sigma_a^2}} \exp\left\{-\frac{\left[\ln\frac{G_{Ic}E}{\pi(1-\nu^2)c_0\sigma_a^2} - AN\right]^2}{2DN}\right\} d\sigma_a \\ &\approx \frac{1}{\sqrt{\pi}}\exp\left\{-\frac{\left[\ln\frac{G_{Ic}E}{\pi(1-\nu^2)c_0\sigma_a^2} - AN\right]^2}{2DN}\right\} \cdot \frac{\partial}{\partial \sigma_a}\left[\frac{\ln\frac{G_{Ic}E}{\pi(1-\nu^2)c_0\sigma_a^2} - AN}{\sqrt{2DN}}\right] d\sigma_a \\ &= \frac{1}{\sqrt{\pi}}\exp(-X^2) \cdot \frac{\partial X}{\partial \sigma_a} d\sigma_a \end{aligned} \tag{10.3.50}$$

式中

$$X = \frac{\ln\frac{G_{Ic}E}{\pi(1-\nu^2)c_0\sigma_a^2} - AN}{\sqrt{2DN}} \tag{10.3.51}$$

其中，$P(\sigma_a,N)d\sigma_a$ 的物理意义为，交变应力作用 N 周时单位体积内所有微裂纹中找到在交变应力振幅在 σ_a 和 $\sigma_a+d\sigma_a$ 间发生传播而导致金属断裂的微裂纹的概率。交变应力振幅在 0 和 σ_a 间导致金属断裂的概率为

$$F(\sigma_a,N) = \int_0^{\sigma_a} P(\sigma_a,N)d\sigma_a \approx \frac{1}{\sqrt{\pi}}\int_X^{\infty} \exp(-X^2) \cdot \frac{\partial X}{\partial \sigma_a}d\sigma_a \tag{10.3.52}$$

显然，$F(\sigma_a=0,N)=0$，$F(\sigma_a\to\infty,N)=1$；$P(\sigma_a,N)d\sigma_a$ 满足归一化条件 $\int_0^{\infty}P(\sigma_a,N)d\sigma_a \approx 1$。

当交变应力振幅 σ_a 不变时，一个微裂纹在 N 和 $N+dN$ 周间导致金属断裂的概率为 $P_N(\sigma_a,N)dN$。根据概率论，应有 $P_N(\sigma_a,N)dN = P(X)\left|\frac{\partial X}{\partial N}\right|dN$，将式（10.3.50）

和式(10.3.51)代入,得

$$P_N(\sigma_a, N)dN = \frac{\left\{A + \frac{1}{2N}\left[\ln\frac{G_{Ic}E}{\pi(1-\nu^2)c_0\sigma_a^2} - AN\right]\right\}}{\sqrt{2\pi DN}} \cdot \exp\left\{-\frac{\left[\ln\frac{G_{Ic}E}{\pi(1-\nu^2)c_0\sigma_a^2} - AN\right]^2}{2DN}\right\}dN$$

$$= \frac{1}{\sqrt{\pi}}\exp(-X^2)dX \tag{10.3.53}$$

在 0 和 N 周间断裂的概率为

$$F_1(\sigma_a, N) = \int_0^N P_N(\sigma_a, N)dN = \frac{1}{\sqrt{\pi}}\int_X^\infty \exp(-X^2)dX \tag{10.3.54}$$

当超过 σ_a 疲劳极限时,$P_N(\sigma_a, N)dN$ 也应满足归一化条件 $\int_0^\infty P_N(\sigma_a, N)dN = 1$。

实际金属中,通常有很多个微裂纹。若金属体积为 V,经 N 周交变应力作用时,其中共有 $M_1 = M(N)V$ 个微裂纹。根据最小强度导致断裂的思想,M_1 个独立的微裂纹中任意一个微裂纹在交变应力振幅 0 和 σ_a 之间,而其余 M_1-1 个微裂纹都在交变应力振幅大于 σ_a 的交变应力作用下导致金属疲劳断裂的概率为

$$P_f(\sigma_a/N) = 1 - \left[1 - \int_0^{\sigma_a} P(\sigma_a, N)d\sigma_a\right]^{M_1} \tag{10.3.55}$$

$P_f(\sigma_a/N)$ 也可直接理解为金属经 N 周交变应力作用时在交变应力振幅 0 和 σ_a 之间发生疲劳断裂的概率。显然 $P_f(\sigma_a\to\infty/N) = 1$,$P_f(\sigma_a=0/N) = 0$。其物理意义为,任何金属在 ∞ 振幅的交变应力作用下都一定立即发生疲劳断裂,而在无应力(实际上应是小于疲劳极限的交变应力振幅)作用时总不会发生疲劳断裂。

金属经 N 周交变应力作用时在交变应力振幅 σ_a 和 $\sigma_a + d\sigma_a$ 间发生疲劳断裂的概率密度为

$$W_f(\sigma_a/N)d\sigma_a = \left(\frac{\partial P_f(\sigma_a/N)}{\partial \sigma_a}\right)d\sigma_a$$

$$= M_1\left[1 - \int_0^{\sigma_a} P(\sigma_a, N)d\sigma_a\right]^{M_1-1} P(\sigma_a, N)d\sigma_a \tag{10.3.56}$$

同样,当交变应力振幅 σ_a 不变时,M_1 个独立的微裂纹中任意一个微裂纹在 0 和 N 周间,而其余 M_1-1 个微裂纹都在大于 N 周导致金属发生疲劳断裂的概率为

$$P_f(N/\sigma_a) = 1 - \left[1 - \int_0^N P_N(\sigma_a, N)dN\right]^{M_1} = 1 - [1 - F_1(\sigma_a, N)]^{M_1} \tag{10.3.57}$$

$P_f(N/\sigma_a)$ 也可直接理解为金属受固定振幅 σ_a 的交变应力作用时,在 0 和 N 周间发生疲劳断裂的概率。显然,当 σ_a 大于疲劳极限时,$P_f(N=0/\sigma_a) = 0$,$P_f(N\to\infty/\sigma_a) = 1$。

其物理意义为,任何金属不受交变应力作用时总不会发生疲劳断裂,而经∞周交变应力作用时一定发生疲劳断裂。

金属受固定交变应力振幅 σ_a 的作用时在 N 和 $N+dN$ 周间发生疲劳断裂的概率密度为

$$W_f(N/\sigma_a)dN = \left(\frac{\partial P_f(N/\sigma_a)}{\partial N}\right)dN$$

$$= M_1\left[1 - \int_0^N P_N(\sigma_a,N)dN\right]^{M_1-1} P_N(\sigma_a,N)dN \qquad (10.3.58)$$

为了进一步了解 $P_f(\sigma_a/N)$ 和 $P_f(N/\sigma_a)$ 间以及 $W_f(\sigma_a/N)$ 和 $W_f(N/\sigma_a)$ 间的关系,引入疲劳断裂联合概率。其物理意义为,金属在交变应力振幅 0 和 σ_a 间与 0 和 N 周间发生疲劳断裂的概率。疲劳断裂联合概率密度 $W(\sigma_a,N)d\sigma_a dN$ 为金属在交变应力振幅 σ_a 和 $\sigma_a+d\sigma_a$ 间与周数 N 和 $N+dN$ 间发生疲劳断裂的概率,其间

$$P_f(\sigma_a,N) = \int_0^{\sigma_a}\int_0^N W(\sigma_a,N)d\sigma_a dN \qquad (10.3.59)$$

显然,$P_f(\sigma_a=0,N) = P_f(\sigma_a,N=0) = 0$;$P_f(\sigma_a\to\infty,N) = P_f(\sigma_a,N\to\infty) = 1$。由此得

$$P_f(\sigma_a/N) = \int_0^{\sigma_a} W(\sigma_a/N)d\sigma_a = \frac{\int_0^{\sigma_a} W(\sigma_a,N)d\sigma_a}{\int_0^{\infty} W(\sigma_a,N)d\sigma_a} \qquad (10.3.60)$$

$$P_f(N/\sigma_a) = \int_0^N W(N/\sigma_a)dN = \frac{\int_0^N W(\sigma_a,N)dN}{\int_0^{\infty} W(\sigma_a,N)dN} \qquad (10.3.61)$$

可见,$P_f(\sigma_a/N)$ 和 $P_f(N/\sigma_a)$ 是同一联合概率 $P_f(\sigma_a,N)$ 中两个不同的条件概率。

通常,由于 $\int_0^{\sigma_a} P(\sigma_a,N)d\sigma_a \ll 1$ 和 $\int_0^N P_N(\sigma_a,N)dN \ll 1$,故式 (10.3.55)~式(10.3.58) 可变为下列近似表达式

$$P_f(\sigma_a/N) \approx 1 - \exp\left[-M_1\int_0^{\sigma_a} P(\sigma_a,N)d\sigma_a\right] \qquad (10.3.62)$$

$$W_f(\sigma_a/N)d\sigma_a \approx M_1\exp\left[-M_1\int_0^{\sigma_a} P(\sigma_a,N)d\sigma_a\right]P(\sigma_a,N)d\sigma_a \qquad (10.3.63)$$

$$P_f(N/\sigma_a) \approx 1 - \exp\left[-M_1\int_0^N P_N(\sigma_a,N)dN\right] \qquad (10.3.64)$$

$$W_f(N/\sigma_a)dN \approx M_1\exp\left[-M_1\int_0^N P_N(\sigma_a,N)dN\right]P_N(\sigma_a,N)dN \qquad (10.3.65)$$

将式 (10.3.50) 代入式 (10.3.63),则得交变应力振幅 σ_a 关于周数 N 的条件疲

劳断裂概率密度，其具体表达式为

$$W_f(\sigma_a/N)\,\mathrm{d}\sigma_a \approx M(N)V\sqrt{\frac{2N_0L^2G_{Ic}\sigma_0^{1/\beta}}{\pi\eta N\sigma_a^{(3+\frac{1}{\beta})}}} \cdot \exp\left\{-\frac{\left[\ln\dfrac{G_{Ic}E}{\pi(1-\nu^2)c_0\sigma_a^2} - \dfrac{\sigma_a^{(1+\frac{1}{\beta})}N}{2N_0L^2G_{Ic}\sigma_0^{1/\beta}}\right]^2}{\dfrac{2\eta\sigma_a^{(1+\frac{1}{\beta})}N}{N_0L^2G_{Ic}\sigma_0^{1/\beta}}}\right\} \cdot$$

$$\exp\left\{-M(N)V\int_0^{\sigma_a}\sqrt{\frac{2N_0L^2G_{Ic}\sigma_0^{1/\beta}}{\pi\eta N\sigma_a'^{(3+\frac{1}{\beta})}}} \cdot \right.$$

$$\left.\exp\left\{-\frac{\left[\ln\dfrac{G_{Ic}E}{\pi(1-\nu^2)c_0\sigma_a'^2} - \dfrac{\sigma_a'^{(1+\frac{1}{\beta})}N}{2N_0L^2G_{Ic}\sigma_0^{1/\beta}}\right]^2}{\dfrac{2\eta\sigma_a'^{(1+\frac{1}{\beta})}N}{N_0L^2G_{Ic}\sigma_0^{1/\beta}}}\right\}\mathrm{d}\sigma_a'\right\}\mathrm{d}\sigma_a \quad (10.3.66)$$

将式（10.3.53）代入式（10.3.65），则得周数 N 关于交变应力振幅 σ_a 的条件疲劳断裂概率密度，其具体表达式为

$$W_f(N/\sigma_a)\,\mathrm{d}N \approx \frac{M(N)V\left\{\dfrac{\sigma_a^{(1+\frac{1}{\beta})}}{2N_0L^2G_{Ic}\sigma_0^{1/\beta}} + \dfrac{1}{2N}\left[\ln\dfrac{G_{Ic}E}{\pi(1-\nu^2)c_0\sigma_a^2} - \dfrac{\sigma_a^{(1+\frac{1}{\beta})}N}{2N_0L^2G_{Ic}\sigma_0^{1/\beta}}\right]\right\}}{\sqrt{\dfrac{2\pi\eta\sigma_a^{(1+\frac{1}{\beta})}N}{N_0L^2G_{Ic}\sigma_0^{1/\beta}}}} \cdot$$

$$\exp\left\{-\frac{N_0L^2G_{Ic}\sigma_0^{1/\beta}}{2\eta\sigma_a^{(1+\frac{1}{\beta})}N}\left[\ln\dfrac{G_{Ic}E}{\pi(1-\nu^2)c_0\sigma_a^2} - \dfrac{\sigma_a^{(1+\frac{1}{\beta})}N}{2N_0L^2G_{Ic}\sigma_0^{1/\beta}}\right]^2\right\} \cdot$$

$$\exp\left\{-M(N)V\int_0^N \frac{\dfrac{\sigma_a^{(1+\frac{1}{\beta})}}{2N_0L^2G_{Ic}\sigma_0^{1/\beta}} + \dfrac{1}{2N'}\left[\ln\dfrac{G_{Ic}E}{\pi(1-\nu^2)c_0\sigma_a^2} - \dfrac{\sigma_a^{(1+\frac{1}{\beta})}N'}{2N_0L^2G_{Ic}\sigma_0^{1/\beta}}\right]}{\sqrt{\dfrac{2\pi\eta\sigma_a^{(1+\frac{1}{\beta})}N'}{N_0L^2G_{Ic}\sigma_0^{1/\beta}}}} \cdot \right.$$

$$\left.\exp\left\{-\frac{N_0L^2G_{Ic}\sigma_0^{1/\beta}}{2\eta\sigma_a^{(1+\frac{1}{\beta})}N'}\left[\ln\dfrac{G_{Ic}E}{\pi(1-\nu^2)c_0\sigma_a^2} - \dfrac{\sigma_a^{(1+\frac{1}{\beta})}N'}{2N_0L^2G_{Ic}\sigma_0^{1/\beta}}\right]^2\right\}\mathrm{d}N'\right\}\mathrm{d}N$$

$$(10.3.67)$$

由式（10.3.66）和式（10.3.67）可见，条件断裂概率密度 $W_f(\sigma_a/N)$ 或 $W_f(N/\sigma_a)$ 是随交变应力振幅 σ_a、周数 N、金属特性量 N_0，L，G_{Ic}，σ_0，β，E 及 V 而变的。这正说明，尽管实际金属的宏观成分、工艺条件和外形尺寸相同，但因其微观成分、缺陷、显微组织及塑性形变的不均匀性，各个试样的断裂交变应力振幅 σ_a（当疲劳寿命 N_f 相同时）和疲劳寿命 N_f（当交变应力振幅 σ_a 相同时）都互不相同，它们都遵守确定的

统计分布规律，其数学表达式正是式（10.3.66）和式（10.3.67）。

应该指出，当交变应力振幅 σ_a 相同时，疲劳寿命 N_f 的分散很大，而且交变应力振幅 σ_a 越小，分散越大；但当疲劳寿命相同时，交变应力振幅 σ_a 的分散却很小。这种变化趋势与实验相符。

利用后面的可靠性近似式（10.3.76）（其具体推导过程见后），则式（10.3.67）变为

$$W_f(N/\sigma_a)\mathrm{d}N \approx \frac{n}{2}\left[\frac{\Gamma\left(1+\frac{2}{n}\right)}{\overline{N}_f}\right]^{n/2} N^{\left(\frac{n}{2}-1\right)}\exp\left\{-\left[\Gamma\left(1+\frac{2}{n}\right)\frac{N}{\overline{N}_f}\right]^{n/2}\right\}\mathrm{d}N \quad (10.3.68)$$

这正是已知的 Weibull 分布。可见疲劳寿命的 Weibull 分布只是较精确的分布函数式（10.3.67）的近似表达式。

疲劳寿命的统计分布早已被实验证实，但它遵守什么样的分布函数，随哪些物理量变化，相关实验资料和理论结果都很少。因此，本节从疲劳微裂纹随机扩展过程出发推导出式（10.3.66）和式（10.3.67），目前这些推导结果难以与实验进行详细比较，只能视为理论的预言。

将式（10.3.50）和式（10.3.53）各代入式（10.3.62）和式（10.3.64），可求出条件疲劳断裂概率 $P_f(\sigma_a/N)$ 和 $P_f(N/\sigma_a)$ 的具体表达式，两者分散性也明显不同。

(4) 可靠性与 $\sigma_a - N$ 曲线。

接下来讨论金属在交变应力作用过程中的可靠性（或称安全性）。因条件疲劳断裂概率有两种，故相应地，可从两个不同的角度来引入可靠性，其严格定义分别如下。

①金属经 N 周交变应力作用时在交变应力振幅 0 和 σ_a 间仍能安全承载而不发生疲劳断裂的概率。

②金属受固定交变应力振幅 σ_a 的交变应力作用时在 0 和 N 周间仍能安全承载而不发生疲劳断裂的概率。

前者简称固定周数 N 的可靠性，记为 $R(\sigma_a/N)$，后者简称固定交变应力振幅 σ_a 的可靠性，记为 $R(N/\sigma_a)$。

根据以上定义，由式（10.3.62）和式（10.3.64）即得

$$R(\sigma_a/N) = 1 - P_f(\sigma_a/N) \approx \exp\left[-M(N)V\int_0^{\sigma_a}P(\sigma_a,N)\mathrm{d}\sigma_a\right] \quad (10.3.69)$$

$$R(N/\sigma_a) = 1 - P_f(N/\sigma_a) \approx \exp\left[-M(N)V\int_0^N P_N(\sigma_a,N)\mathrm{d}N\right] \quad (10.3.70)$$

将式（10.3.50）和式（10.3.53）分别代入式（10.3.69）和式（10.3.70），则得

$$R(\sigma_a/N) \approx \exp\left\{-M(N)V\int_0^{\sigma_a}\sqrt{\frac{2N_0L^2G_{Ic}\sigma_0^{1/\beta}}{\pi\eta N\sigma_a'^{(3+\frac{1}{\beta})}}}\exp\left[-\frac{\left[\ln\frac{G_{Ic}E}{\pi(1-\nu^2)c_0^2\sigma_a'}-\frac{\sigma_a'^{(1+\frac{1}{\beta})}N}{2N_0L^2G_{Ic}\sigma_0^{1/\beta}}\right]^2}{\frac{2\eta\sigma_a'^{(1+\frac{1}{\beta})}N}{N_0L^2G_{Ic}\sigma_0^{1/\beta}}}\right]d\sigma_a'\right\}$$

(10.3.71)

$$R(N/\sigma_a) \approx \exp\left\{-M(N)V\int_0^N \frac{\frac{\sigma_a^{(1+\frac{1}{\beta})}}{2N_0L^2G_{Ic}\sigma_0^{1/\beta}}+\frac{1}{2N'}\left[\ln\frac{G_{Ic}E}{\pi(1-\nu^2)c_0\sigma_a^2}-\frac{\sigma_a^{(1+\frac{1}{\beta})}N'}{2N_0L^2G_{Ic}\sigma_0^{1/\beta}}\right]}{\sqrt{\frac{2\pi\eta\sigma_a^{(1+\frac{1}{\beta})}N'}{N_0L^2G_{Ic}\sigma_0^{1/\beta}}}}\cdot\right.$$

$$\left.\exp\left\{-\frac{N_0L^2G_{Ic}\sigma_0^{1/\beta}}{2\eta\sigma_a^{(1+\frac{1}{\beta})}N'}\left[\ln\frac{G_{Ic}E}{\pi(1-\nu^2)c_0\sigma_a^2}-\frac{\sigma_a^{(1+\frac{1}{\beta})}N'}{2N_0L^2G_{Ic}\sigma_0^{1/\beta}}\right]^2\right\}dN'\right\}\quad(10.3.72)$$

与疲劳断裂概率密度一样，可靠性 $R(\sigma_a/N)$ 和 $R(N/\sigma_a)$ 也随交变应力振幅 σ_a、周数 N、金属特性量 N_0，L，G_{Ic}，σ_0，β，E 及 V 而变。

虽然上面讨论的两种可靠性同样有用，但因通常的疲劳试验是在固定振幅的交变应力下进行的，故此时用 $R(N/\sigma_a)$ 就更为方便。

为了计算疲劳寿命 N_f 随交变应力振幅 σ_a 的变化曲线，即所谓的 σ_a - N 曲线（又称 S - N 曲线），可将式（10.3.72）改写为

$$\frac{1}{\sqrt{\pi}}\int_X^\infty \exp(-X^2)dX = \int_0^N \frac{\frac{\sigma_a^{(1+\frac{1}{\beta})}}{2N_0L^2G_{Ic}\sigma_0^{1/\beta}}+\frac{1}{2N'}\left[\ln\frac{G_{Ic}E}{\pi(1-\nu^2)c_0\sigma_a^2}-\frac{\sigma_a^{(1+\frac{1}{\beta})}N'}{2N_0L^2G_{Ic}\sigma_0^{1/\beta}}\right]}{\sqrt{\frac{2\pi\eta\sigma_a^{(1+\frac{1}{\beta})}N'}{N_0L^2G_{Ic}\sigma_0^{1/\beta}}}}\cdot$$

$$\exp\left\{-\frac{N_0L^2G_{Ic}\sigma_0^{1/\beta}}{2\eta\sigma_a^{(1+\frac{1}{\beta})}N'}\left[\ln\frac{G_{Ic}E}{\pi(1-\nu^2)c_0\sigma_a^2}-\frac{\sigma_a^{(1+\frac{1}{\beta})}N'}{2N_0L^2G_{Ic}\sigma_0^{1/\beta}}\right]^2\right\}dN'$$

$$\approx \frac{-\ln R}{M(N)V} \quad (10.3.73)$$

式中，R 是 $R(N/\sigma_a)$ 的简写。若已知金属特性量 N_0，L，G_{Ic}，σ_0，β，E，V 和可靠性 R，就可由式（10.3.73）算出 σ_a - N 曲线。

为了进一步看清疲劳寿命 N_f 随 σ_a 和其他各参量如何变化，可由式（10.3.73）求得下列近似结果

$$N_f \approx \frac{N_0L^2G_{Ic}\sigma_0^{1/\beta}}{2.7\eta\sigma_a^{(1+\frac{1}{\beta})}}\left[\ln\frac{G_{Ic}E}{\pi(1-\nu^2)c_0\sigma_a^2}\right]^2\left[\frac{-2a\ln R}{M(N_f)V}\right]^{1/8} \quad (10.3.74)$$

在得到式（10.3.74）时，采用了近似表达式 $\frac{1}{\sqrt{\pi}}\int_X^\infty \exp(-X^2)\mathrm{d}X \approx \frac{1}{aX^{16}}$，其中，$a = 10^{-3}$，$X \geq 2.5$。根据式（10.3.74），同样可算出 $\sigma_a - N$ 曲线，只是其精确性不如式（10.3.73）。

若 $\dfrac{G_{\mathrm{Ic}}E}{\pi(1-\nu^2)c_0\sigma_a^2}$ 仅在 $[10, 3\times 10^6]$ 区域内变化，这时可令

$$\left[\ln\frac{G_{\mathrm{Ic}}E}{\pi(1-\nu^2)c_0\sigma_a^2}\right]^2 \approx 3\left[\ln\frac{G_{\mathrm{Ic}}E}{\pi(1-\nu^2)c_0\sigma_a^2}\right]^{1/3} \tag{10.3.75}$$

将式（10.3.75）代入式（10.3.74），则得

$$\sigma_a^\alpha N_f \approx \frac{3N_0 L^2 G_{\mathrm{Ic}}\sigma_0^{1/\beta}}{2.7\eta\sigma_a^{(1+\frac{1}{\beta})}}\left[\ln\frac{G_{\mathrm{Ic}}E}{\pi(1-\nu^2)c_0\sigma_a^2}\right]^{1/3}\left[\frac{-2a\ln R}{M(N_f)V}\right]^{1/8} \tag{10.3.76}$$

式中，$\alpha = \dfrac{5}{3} + \dfrac{1}{\beta}$。由式（10.3.76）可见，$\sigma_a^\alpha N_f$ 是随 R 的减小缓慢增加的。

从可靠性出发，不难推导出疲劳断裂中所谓的累积损伤规则。为此，将式（10.3.74）改写为

$$R \approx \exp\left\{-\frac{M(N)V}{2a}\left[\sqrt{\frac{2.7\eta\sigma_a^{(1+\frac{1}{\beta})}N}{N_0 L^2 G_{\mathrm{Ic}}\sigma_0^{1/\beta}}}\Big/\ln\frac{G_{\mathrm{Ic}}E}{\pi(1-\nu^2)c_0\sigma_a^2}\right]^n\right\} \tag{10.3.77}$$

式中，$n = 16$。将后面的式（10.3.83）（其具体推导过程见后文）的平均疲劳寿命 $\bar{N}_f$ 代入式（10.3.75），则得

$$R \approx \exp\left\{-\left[\Gamma\left(1+\frac{2}{n}\right)\frac{N}{\bar{N}_f}\right]^{n/2}\right\} \tag{10.3.78}$$

这样，可靠性 R 就仅随周数 N 和平均疲劳寿命 $\bar{N}_f$ 的比值 $N/\bar{N}_f$ 变化，$N/\bar{N}_f$ 越大，R 越小。至此，可抛开微观机理而把疲劳断裂过程笼统地视为一种损伤过程，把 $N/\bar{N}_f$ 视为一种损伤率，损伤率越大，可靠性越小。

若作用于金属的是变振幅交变应力而不是常振幅交变应力，则可把变振幅交变应力看作是一系列常振幅交变应力 $\sigma_{ai}(i=1,2,\cdots)$ 的叠加和。根据应力损伤独立性原理，这个变振幅应力的可靠性 R 应等于叠加的一系列常振幅应力的可靠性之积 R_i，即

$$R = \prod_{i=1}^m R_i \approx \exp\left\{-\sum_{i=1}^m\left[\Gamma\left(1+\frac{2}{n}\right)\frac{N_i}{\bar{N}_{fi}}\right]^{n/2}\right\} \tag{10.3.79}$$

式中，N_i 为金属受 σ_{ai} 作用的周数；$\bar{N}_{fi}$ 为金属在 σ_{ai} 作用下的平均疲劳寿命。现取 $R = \mathrm{e}^{-1} = 0.3678$ 为金属发生疲劳断裂的特征可靠性，则有

$$\sum_{i=1}^{m} \left[\Gamma\left(1 + \frac{2}{n}\right) \frac{N_i}{\overline{N}_{fi}} \right]^{n/2} = 1 \tag{10.3.80}$$

这就是非线性累积损伤规则。

当 $n = 2$ 时，$\Gamma\left(1 + \frac{2}{n}\right) = \Gamma(2) = 1$，式（10.3.78）变为

$$\sum_{i=1}^{m} \frac{N_i}{\overline{N}_{fi}} = 1 \tag{10.3.81}$$

这就是已知的迈纳（Miner）线性累积损伤规则。由于 $n = 2$ 意味着 $\frac{1}{\sqrt{\pi}} \int_X^\infty \exp(-X^2) dX \approx \frac{b}{X^2}$（$b$ 是常数），这是个较差的近似，故线性累积损伤规则是本理论中一个较差的近似结果，不是普适的。

（5）统计平均值。

由于实际固体内部微观成分、缺陷、显微组织及塑性形变的不均匀性，准确反映固体疲劳特性的宏观力学量应是宏观成分、工艺条件及外形尺寸相同的大量试样系综相应力学量的统计平均值。设 $\overline{N}_f$ 为试样系综的平均疲劳寿命，则

$$\overline{N}_f = \int_0^\infty N W_f(N/\sigma_a) dN = \int_0^\infty N dP_f(N/\sigma_a) \tag{10.3.82}$$

将式（10.3.70）代入式（10.3.82）并作部分积分，得

$$\overline{N}_f \approx \int_0^\infty \exp\left[-M(N)V \int_0^N P_N(\sigma_a, N') dN'\right] dN = \int_0^\infty R(N/\sigma_a) dN \tag{10.3.83}$$

将式（10.3.77）代入式（10.3.83），即得

$$\overline{N}_f \approx \frac{N_0 L^2 G_{Ic} \sigma_0^{1/\beta}}{2.87 \eta \sigma_a^{(1+\frac{1}{\beta})}} \left[\ln \frac{G_{Ic} E}{\pi(1-\nu^2) c_0 \sigma_a^2}\right]^2 \left(\frac{2a}{M(N)V}\right)^{1/8} \tag{10.3.84}$$

式（10.3.84）与式（10.3.74）相比，从形式上看，仅是 $\frac{1}{8} \Gamma\left(\frac{1}{8}\right) = 0.942$ 取代了 $(-\ln R)^{1/8}$，但从内容上讲，却是平均值取代了概率分布。

与式（10.3.76）相同，可将式（10.3.84）进一步取下列近似

$$\sigma_a^\alpha \overline{N}_f \approx \frac{1.05 N_0 L^2 G_{Ic} \sigma_0^{1/\beta}}{\eta} \left[\ln \frac{G_{Ic} E}{\pi(1-\nu^2) c_0}\right]^{1/3} \left(\frac{2a}{M(N_f)V}\right)^{1/8} \tag{10.3.85}$$

式（10.3.84）和式（10.3.74）就是所得的疲劳寿命公式，它也是由交变应力振幅 σ_a，金属特性量 N_0，L，G_{Ic}，σ_0，β，E，V 及微裂纹起始长度 c_0 决定的。交变应力振幅 σ_a 越小，活动位错源密度 N_0 越大，滑移面长度 L 越长，交变强度系数 σ_0 越大，

循环硬化指数 β 越大，裂纹扩展力 G_{Ic} 越大，杨氏模量 E 越大，试样体积 V 越小，微裂纹起始长度 c_0 越小，则疲劳寿命越长；反之，结果相反。由于 N_0，L，G_{Ic}，σ_0，β 对结构灵敏，故疲劳寿命也对结构灵敏。

由式（10.3.76）和式（10.3.85）可知，对于一种特定的金属，疲劳寿命 N_f 与交变应力振幅 σ_a 的乘积是一个常数，这正是已知的巴斯金（Basquin）公式，而且指数 α 的取值（当 β 为 0.3，0.25，0.15，0.1 时，α 分别为 5，5.67，8.34，11.67）也基本上与实验相符。

疲劳寿命 N_f 随裂纹扩展力 G_{Ic} 而提高，且表现为 $N_f \sim G_{Ic}(\ln G_{Ic})^2$，这个推论是过去实验和理论研究中很少谈及的，由于 G_{Ic} 是宏观量，且结构灵敏，易于测试，因此不仅可用来检验理论，更有可能为提高金属的疲劳寿命提供一个新途径。

疲劳寿命 N_f 随试样体积 V 减小而提高，这种尺寸效应正是统计特性的表现。尺寸效应的存在，已有实验证明，只是尚缺乏系统的数据。由于本节的结果是 $N_f \sim \left(\dfrac{1}{V}\right)^{1/8}$，因而尺寸效应很小。

由式（10.3.72）和式（10.3.82），可求出疲劳寿命的均方偏差为

$$D(N_f) = \overline{\Delta N^2} = \overline{N_f^2} - \overline{N_f}^2$$

$$\approx 2.6 \times 10^{-2} \left\{ 1 + \frac{3.76}{\eta} \left[\frac{2a}{M(N)V} \right]^{1/8} \ln \frac{G_{Ic}E}{\pi(1-\nu^2)c_0\sigma_a^2} \right\}^{1/4} \overline{N_f^2} \quad (10.3.86)$$

式中，$\overline{N_f^2} = \int_0^\infty N^2 W_f(N/\sigma_a) dN$。疲劳寿命的相对偏差为

$$\frac{\sqrt{D(N_f)}}{\overline{N_f}} \approx 0.16 \times \left\{ 1 + \frac{3.76}{\eta} \left[\frac{2a}{M(N)V} \right]^{1/8} \ln \frac{G_{Ic}E}{\pi(1-\nu^2)c_0\sigma_a^2} \right\}^{1/2} \quad (10.3.87)$$

由式（10.3.86）和式（10.3.87）可见 $D(N_f) \sim \overline{N_f^2}$。疲劳寿命越长，其分散度越大，一切延长疲劳寿命的因素，都将使其分布更为分散；而疲劳寿命的相对偏差，不论金属的宏观特性、外形尺寸和应力振幅如何变化，其变化都将非常微小。因目前尚缺乏系统的实验数据，故本节的理论推论难以用实验验证。

在以上第（4）、第（5）部分中，从微裂纹在交变的微量塑性形变过程中按位错机理随机演化而导致金属疲劳断裂这一基本思路出发，从理论上统一求得了疲劳微裂纹的迁移长大速率、涨落长大系数、微裂纹分布函数、疲劳断裂概率、可靠性、$\sigma_a - N$ 曲线、疲劳寿命的统计分布和统计平均值以及其他有关经验公式，所有这些结果，都可由同一组物理量表示。

与过去所有疲劳理论相比,本部分理论有下列两个显著特点。

(1) 从理论框架来说,本部分理论突出了微裂纹动力学、塑性形变、统计性以及微观机理与宏观特性相结合这四者的有机联系。

(2) 从具体结果来说,本部分理论不仅能统一解释已有的大量实验事实,而且得到了一些新结果,提出了一些预言。

当然,由于疲劳过程复杂,影响因素很多,作为新的探索,本理论尚包含一些有待改进的近似。

10.4　延时断裂非平衡统计理论

如何从微观机理出发理解在延时应力作用下固体断裂的宏观特性?怎样从理论上统一导出和表述延时断裂过程的所有基本规律?10.2 节和 10.3 节中用非平衡统计的概念和方法,研究了脆性断裂和疲劳断裂理论,其特点是突出了微裂纹动力学、塑性形变、统计性以及微观机理与宏观特性相结合这四者的有机联系。本节旨在在此基础上继续建立一个在广泛应力范围内适用的微观与宏观相结合的热激活延时断裂非平衡统计理论。

1. 微裂纹演化方程和原子键破裂机理

热激活延时断裂的微观实质是由外应力和热激活双重作用下实际固体内大量微裂纹的演化(成核和长大)和单个主裂纹的传播,前一阶段是慢速的,后一阶段是快速的。由于热涨落和材料微观结构背景涨落的存在,微裂纹系统的演化过程也可视为一个随机过程。与脆性断裂和疲劳断裂相似,描述这种随机长大过程的演化方程是前面引入的福克-普朗克方程,即式 (10.1.5),其中

$$K(c) = A\beta(c) \tag{10.4.1}$$

现在从原子键破裂机理来讨论微裂纹的长大。如图 10.4.1 所示,在外应力和热激活的双重作用下,微裂纹顶端前的原子键破裂,原子排列构象将从图 10.4.1 (a) 变成图 10.4.1 (b),微裂纹顶端前进了一个或几个原子的距离。微裂纹的长大就是由这样一系列原子键重复破裂的步骤组成的。

根据这种原子键破裂机理,微裂纹的长大速率应为

$$\dot{c} = \nu_0 L \exp\left(-\frac{U}{kT}\right)\left[\exp\left(\frac{\alpha\sigma}{kT}\right) - \exp\left(-\frac{\alpha\sigma}{kT}\right)\right] = 2\nu_0 L \exp\left(-\frac{U}{kT}\right)\sinh\left(\frac{\alpha\sigma}{kT}\right) \tag{10.4.2}$$

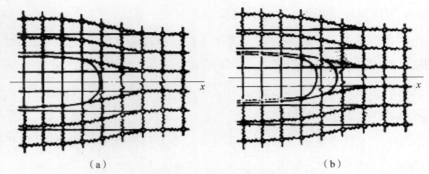

图 10.4.1　原子键破裂机理

式中，ν_0 为原子本征振动频率；k 为玻尔兹曼常数；T 为温度；U 为破坏一个原子键所需的激活能；$L=nb$，b 为原子间距，$n=1,2,3,\cdots$；σ 为外应力；α 为激活体积；$\exp\left(-\dfrac{U-\alpha\sigma}{kT}\right)$ 为外应力促进热激活破坏原子键时的指数因子；$\exp\left(-\dfrac{U+\alpha\sigma}{kT}\right)$ 为外应力阻止热激活破坏原子键时的指数因子。

比较式（10.4.1）和式（10.4.2）可得

$$A=\nu_0\exp\left(-\frac{U}{kT}\right) \tag{10.4.3}$$

$$\beta=2L\sinh\left(\frac{\alpha\sigma}{kT}\right) \tag{10.4.4}$$

另有

$$D\approx\eta^2 A=\eta^2\nu_0\exp\left(-\frac{U}{kT}\right) \tag{10.4.5}$$

$$\eta^2=\left(\frac{\alpha\sigma}{kT}\right)^2\frac{<\Delta\alpha^2>}{\alpha^2}\nu_0+\left(\frac{U}{kT}\right)^2\frac{<\Delta T^2>}{T^2} \tag{10.4.6}$$

当 $\dfrac{\alpha\sigma}{kT}\gg 1$ 时，$\exp\left(-\dfrac{\alpha\sigma}{kT}\right)\approx 0$，即外应力远大于热激活作用而热激活作用又不可完全忽略时，实际上相当于尤尔科夫（Журков）的实验情况，则式（10.4.2）变为

$$\dot{c}\approx\nu_0 L\exp\left(-\frac{U-\alpha\sigma}{kT}\right) \tag{10.4.7}$$

当 $\dfrac{\alpha\sigma}{kT}\ll 1$ 时，$\sinh\left(\dfrac{\alpha\sigma}{kT}\right)\approx\dfrac{\alpha\sigma}{kT}$，即外应力远小于热激活作用，这相当于通常的蠕变情况，则式（10.4.2）变为

$$\dot{c}\approx\frac{2\nu_0 L\alpha\sigma}{kT}\exp\left(-\frac{U}{kT}\right) \tag{10.4.8}$$

式（10.4.2）、式（10.4.7）和式（10.4.8）就是根据原子键破裂机理求得的三

种微裂纹长大速率。

2. 微裂纹分布函数

接下来求微裂纹分布函数。将式（10.4.2）代入演化方程式（10.1.5），即可解得微裂纹的概率密度函数为

$$P(c_0,c;t)\mathrm{d}c = \frac{1}{\sqrt{2\pi\eta^2\nu_0 tL^2\exp\left(-\frac{U}{kT}\right)\left[\sinh\left(\frac{\alpha\sigma}{kT}\right)\right]^2}} \cdot$$

$$\exp\left\{-\frac{\left[c-c_0-\nu_0 tL\exp\left(-\frac{U}{kT}\right)\sinh\left(\frac{\alpha\sigma}{kT}\right)\right]^2}{8\eta^2\nu_0 tL^2\exp\left(-\frac{U}{kT}\right)\left[\sinh\left(\frac{\alpha\sigma}{kT}\right)\right]^2}\right\}\mathrm{d}c \qquad (10.4.9)$$

显然，它满足下列起始条件、边界条件和归一化条件

$$P(c_0,c;t=0) = \delta(c-c_0) \qquad (10.4.10)$$

$$P(c_0,c\to\infty;t) = 0 \qquad (10.4.11)$$

$$\int_{c_0}^{\infty} P(c_0,c;t)\mathrm{d}c = 1 \qquad (10.4.12)$$

可解得微裂纹密度函数为

$$N(c,t) = \frac{1}{\sqrt{2\pi\eta^2\nu_0 L^2\exp\left(-\frac{U}{kT}\right)\left[\sinh\left(\frac{\alpha\sigma}{kT}\right)\right]^2}} \cdot$$

$$\int_0^t \frac{q(t')}{\sqrt{t-t'}}\exp\left\{-\frac{\left[c-c_0-\nu_0(t-t')L\exp\left(-\frac{U}{kT}\right)\sinh\left(\frac{\alpha\sigma}{kT}\right)\right]^2}{8\eta^2\nu_0(t-t')L^2\exp\left(-\frac{U}{kT}\right)\left[\sinh\left(\frac{\alpha\sigma}{kT}\right)\right]^2}\right\}\mathrm{d}t' \qquad (10.4.13)$$

显然，它满足下列起始条件和边界条件

$$N(c,t=0) = 0, N(c\to\infty,t) = 0 \qquad (10.4.14)$$

此外，还有

$$P(c,t)\mathrm{d}c \approx \frac{1}{\sqrt{2\pi\eta^2\nu_0 tL^2\exp\left(-\frac{U}{kT}\right)\left[\sinh\left(\frac{\alpha\sigma}{kT}\right)\right]^2}} \cdot$$

$$\exp\left\{-\frac{\left[c-c_0-\nu_0 tL\exp\left(-\frac{U}{kT}\right)\sinh\left(\frac{\alpha\sigma}{kT}\right)\right]^2}{8\eta^2\nu_0 tL^2\exp\left(-\frac{U}{kT}\right)\left[\sinh\left(\frac{\alpha\sigma}{kT}\right)\right]^2}\right\}\mathrm{d}c \qquad (10.4.15)$$

由式（10.4.9）、式（10.4.13）和式（10.4.15）可见，微裂纹分布函数是其长度 c 的正态分布函数。

微裂纹尺度遵守一定的统计分布规律已被实验证明，但究竟是什么样的分布函数尚待实验进行最后确定。

若把上面讨论的 $P(c_0,c;t)\mathrm{d}c$ 和 $P(c,t)\mathrm{d}c$ 看作微裂纹的空间概率密度函数，则微裂纹的时间概率密度函数应为

$$P(t,c)\mathrm{d}t = \frac{P(c,t)\mathrm{d}t}{\int_0^\infty P(c,t)\mathrm{d}t} \tag{10.4.16}$$

它定义为从无限长的时间范围 $(0,\infty)$ 内求得长度为 c 的微裂纹存在于 t 和 $t+\mathrm{d}t$ 间的概率。显然，$P(t,c)\mathrm{d}t$ 满足归一化条件 $\int_0^\infty P(t,c)\mathrm{d}t = 1$，其物理意义是任何长度为 c 的微裂纹总是存在于无限长的时间内。

将式（10.4.9）或式（10.4.15）代入式（10.4.16），得

$$P(t,c)\mathrm{d}t = \sqrt{\frac{\nu_0 \exp\left(-\dfrac{U}{kT}\right)}{2\pi\eta^2 t}} \cdot \exp\left\{-\frac{\left[c - c_0 - \nu_0 tL\exp\left(-\dfrac{U}{kT}\right)\sinh\left(\dfrac{\alpha\sigma}{kT}\right)\right]^2}{8\eta^2 \nu_0 tL^2 \exp\left(-\dfrac{U}{kT}\right)\left[\sinh\left(\dfrac{\alpha\sigma}{kT}\right)\right]^2}\right\}\mathrm{d}t \tag{10.4.17}$$

由式（10.4.17）可见，$P(t=0,c) = \delta(c-c_0)$，$P(t\to\infty,c) = 0$，前者表示微裂纹长大的起始条件，后者表示在断裂过程中任何长度为 c 的微裂纹都不能存在于无限长的时间内，换言之，固体材料的寿命总是有限的。

式（10.4.9）、式（10.4.13）、式（10.4.15）和式（10.4.17）就是基于原子键破裂机理求得的微裂纹分布函数。

3. 断裂概率

如第 2 部分所述，可将整个延时热激活断裂过程分为两个阶段，即大量微裂纹的成核长大过程和单个主裂纹的传播过程，前者是低速的，后者是高速的。由于裂纹传播以弹性波的速率在固体材料内进行，只要主裂纹开始传播，断裂将立即发生，因此，材料的断裂寿命主要由低速过程决定，高速过程消耗的时间可以略去。本节第 1、第 2 部分主要讨论的是微裂纹的长大问题，本部分讨论直接引起断裂的主裂纹传播。在原子键破裂机理中，关于裂纹的传播条件并未给出明确的数学表达式，因此仍用格里菲斯（Griffith）关于裂纹的传播条件

$$c_k = \frac{G_{\mathrm{Ic}}E}{\pi(1-\nu^2)\sigma^2} \tag{10.4.18}$$

式中，E 为杨氏模量，ν 为泊松比，G_{Ic} 为裂纹扩展力。应当强调指出，式（10.4.18）不是低速微裂纹的长大条件，而是高速主裂纹的传播条件。

根据概率论，若 $P(\sigma,t)\mathrm{d}\sigma$ 为延时应力作用 t 时一个裂纹在应力 σ 和 $\sigma+\mathrm{d}\sigma$ 间传

播的概率，应有 $P(\sigma,t)\mathrm{d}\sigma = P(c,t)|\mathrm{d}c|$，将式（10.4.15）和式（10.4.18）代入此式，则得

$$P(\sigma,t)\mathrm{d}\sigma = \frac{G_{\mathrm{Ic}}E}{\sqrt{2\pi^3\eta^2\nu_0 t\exp\left(-\dfrac{U}{kT}\right)}(1-\nu^2)\sigma^3 L\sinh\left(\dfrac{\alpha\sigma}{kT}\right)} \cdot$$

$$\exp\left\{-\frac{\left[\dfrac{G_{\mathrm{Ic}}E}{\pi(1-\nu^2)\sigma^2} - c_0 - \nu_0 tL\exp\left(-\dfrac{U}{kT}\right)\sinh\left(\dfrac{\alpha\sigma}{kT}\right)\right]^2}{8\eta^2\nu_0 tL^2\exp\left(-\dfrac{U}{kT}\right)\left[\sinh\left(\dfrac{\alpha\sigma}{kT}\right)\right]^2}\right\}\mathrm{d}\sigma \quad (10.4.19)$$

将式（10.4.18）代入式（10.4.17），则得在延时应力 σ 作用下一个裂纹于时间 t 和 $t+\mathrm{d}t$ 间发生传播的概率为

$$P(t,\sigma)\mathrm{d}t = \sqrt{\frac{\nu_0\exp\left(-\dfrac{U}{kT}\right)}{2\pi\eta^2 t}} \cdot \exp\left\{-\frac{\left[\dfrac{G_{\mathrm{Ic}}E}{\pi(1-\nu^2)\sigma^2} - c_0 - \nu_0 tL\exp\left(-\dfrac{U}{kT}\right)\sinh\left(\dfrac{\alpha\sigma}{kT}\right)\right]^2}{8\eta^2\nu_0 tL^2\exp\left(-\dfrac{U}{kT}\right)\left[\sinh\left(\dfrac{\alpha\sigma}{kT}\right)\right]^2}\right\}\mathrm{d}t$$

$$(10.4.20)$$

显然，$P(\sigma,t)\mathrm{d}\sigma$ 和 $P(t,\sigma)\mathrm{d}t$ 都满足归一化条件，即 $\int_0^\infty P(\sigma,t)\mathrm{d}\sigma = 1$ 和 $\int_0^\infty P(t,\sigma)\mathrm{d}t = 1$。

当材料中共存在 $M_1(t) = V\int_{c_k}^\infty N(c,t)\mathrm{d}c = VN_1$（其中 V 为材料的体积）个能传播的裂纹时，根据导致断裂的最弱链模型（又称最小强度原理），则材料经延时应力作用 t 时于应力 0 和 σ 间发生断裂的概率为

$$P_{\mathrm{f}}(\sigma) = 1 - \left[1 - \int_0^\sigma P(\sigma,t)\mathrm{d}\sigma\right]^{M_1} \approx 1 - \exp\left[-M_1\int_0^\sigma P(\sigma,t)\mathrm{d}\sigma\right] \quad (10.4.21)$$

$P_{\mathrm{f}}(\sigma)$ 可直接称为应力断裂概率。显然，$P_{\mathrm{f}}(\sigma=0) = 0$，$P_{\mathrm{f}}(\sigma\to\infty) = 1$。其物理意义为，任何材料不受外应力作用时总不会断裂，而在无限大的外应力作用下一定断裂。

同样，材料在延时应力 σ 的作用下于 0 和 t 时间内发生断裂的概率为

$$P_{\mathrm{f}}(t) = 1 - \left[1 - \int_0^t P(t,\sigma)\mathrm{d}t\right]^{M_1} \approx 1 - \exp\left[-M_1\int_0^t P(t,\sigma)\mathrm{d}t\right] \quad (10.4.22)$$

$P_{\mathrm{f}}(t)$ 可直接称为时间断裂概率。显然，当 σ 大于某个临界阈值应力时，将有 $P_{\mathrm{f}}(t=0) = 0$，$P_{\mathrm{f}}(t\to\infty) = 1$。其物理意义为，当外应力未作用时，材料总不会断裂；而当外应力大于某个临界应力时，经无限长的时间作用，材料总要发生断裂，即任何材料的断裂寿命总是有限的。

将式（10.4.19）代入式（10.4.21），得应力断裂概率的表达式为

$$P_f(\sigma) \approx 1 - \exp\left\{-\frac{N_1 V G_{Ic} E}{\sqrt{2\pi^3 \eta^2 \nu_0 t \exp\left(-\frac{U}{kT}\right)}(1-\nu^2)L} \int_0^\sigma \frac{1}{\sigma^3 \sinh\left(\frac{\alpha\sigma}{kT}\right)} \cdot\right.$$

$$\left.\exp\left\{-\frac{\left[\frac{G_{Ic}E}{\pi(1-\nu^2)\sigma^2} - c_0 - \nu_0 tL\exp\left(-\frac{U}{kT}\right)\sinh\left(\frac{\alpha\sigma}{kT}\right)\right]^2}{8\eta^2 \nu_0 tL^2 \exp\left(-\frac{U}{kT}\right)\left[\sinh\left(\frac{\alpha\sigma}{kT}\right)\right]^2}\right\}d\sigma\right\} \quad (10.4.23)$$

将式（10.4.20）代入式（10.4.22），得时间断裂概率的表达式为

$$P_f(t) \approx 1 - \exp\left\{-N_1 V \sqrt{\frac{\nu_0 \exp\left(-\frac{U}{kT}\right)}{2\pi\eta^2}} \cdot\right.$$

$$\left.\int_0^t \frac{1}{\sqrt{t}}\exp\left\{-\frac{\left[\frac{G_{Ic}E}{\pi(1-\nu^2)\sigma^2} - c_0 - \nu_0 tL\exp\left(-\frac{U}{kT}\right)\sinh\left(\frac{\alpha\sigma}{kT}\right)\right]^2}{8\eta^2 \nu_0 tL^2 \exp\left(-\frac{U}{kT}\right)\left[\sinh\left(\frac{\alpha\sigma}{kT}\right)\right]^2}\right\}dt\right\} \quad (10.4.24)$$

由式（10.4.20）和式（10.4.22）可见，断裂概率 $P_f(\sigma)$ 和 $P_f(t)$ 是由外应力 σ，温度 T，时间 t 和材料特征量 U，α，G_{Ic}，E 和 V 等决定的。

4. 可靠性

接下来讨论固体材料在外应力和热激活双重作用下的可靠性，由于存在着应力和时间两种断裂概率，故可引入两种对应的可靠性，其精确定义如下。

（1）材料在间隔为$(0,\sigma)$的延时应力作用下，于 t 时仍能安全承载而不发生断裂的概率。

（2）材料在延时应力 σ 作用下，于$(0,t)$的时间内，仍能安全承载而不发生断裂的概率。

简言之，前者为应力可靠性，用 $R(\sigma)$ 表示；后者为时间可靠性，用 $R(t)$ 表示。按此定义及式（10.4.21）和式（10.4.22），应有

$$R(\sigma) = 1 - P_f(\sigma) \approx \exp\left[-M_1 \int_0^\sigma P(\sigma,t)d\sigma\right] \quad (10.4.25)$$

$$R(t) = 1 - P_f(t) \approx \exp\left[-M_1 \int_0^t P(t,\sigma)dt\right] \quad (10.4.26)$$

显然，$R(\sigma=0)=1$，$R(\sigma\to\infty)=0$。其物理意义为，固体材料在无外应力作用时总是安全可靠的，而当外应力增大到无限大时总要发生断裂，即固体材料不再安全可靠。同样，当 σ 大于某个临界阈值应力时，将有 $R(t=0)=1$，$R(t\to\infty)=0$。其物理

意义为，当外应力未作用时，材料总是安全可靠的，而当外应力作用无限长时间时，材料总要发生断裂，不再安全可靠。

将式（10.4.19）代入式（10.4.25），得应力可靠性的表达式为

$$R(\sigma) \approx \exp\left\{-\frac{N_1 V G_{\mathrm{Ic}} E}{\sqrt{2\pi^3 \eta^2 \nu_0 t \exp\left(-\frac{U}{kT}\right)}(1-\nu^2) L} \int_0^\sigma \frac{1}{\sigma^3 \sinh\left(\frac{\alpha\sigma}{kT}\right)} \cdot \right.$$

$$\left. \exp\left\{-\frac{\left[\frac{G_{\mathrm{Ic}} E}{\pi(1-\nu^2)\sigma^2} - c_0 - \nu_0 t L \exp\left(-\frac{U}{kT}\right)\sinh\left(\frac{\alpha\sigma}{kT}\right)\right]^2}{8\eta^2 \nu_0 t L^2 \exp\left(-\frac{U}{kT}\right)\left[\sinh\left(\frac{\alpha\sigma}{kT}\right)\right]^2}\right\} \mathrm{d}\sigma \right\} \quad (10.4.27)$$

将式（10.4.20）代入式（10.4.26），得时间可靠性的表达式为

$$R(t) \approx \exp\left\{-N_1 V \sqrt{\frac{\nu_0 \exp\left(-\frac{U}{kT}\right)}{2\pi\eta^2}} \cdot \right.$$

$$\left. \int_0^t \frac{1}{\sqrt{t}}\exp\left\{-\frac{\left[\frac{G_{\mathrm{Ic}} E}{\pi(1-\nu^2)\sigma^2} - c_0 - \nu_0 t L \exp\left(-\frac{U}{kT}\right)\sinh\left(\frac{\alpha\sigma}{kT}\right)\right]^2}{8\eta^2 \nu_0 t L^2 \exp\left(-\frac{U}{kT}\right)\left[\sinh\left(\frac{\alpha\sigma}{kT}\right)\right]^2}\right\} \mathrm{d}t \right\} \quad (10.4.28)$$

为了给出可靠性的解析表达式，需将式（10.4.27）和式（10.4.28）作进一步近似简化。

先求式（10.4.27）的近似表达式，由式（10.4.19）得

$$\int_0^\sigma P(\sigma,t) \mathrm{d}\sigma \approx \frac{1}{\sqrt{\pi}}\int_0^\sigma \exp(-X^2) \mathrm{d}X \approx \frac{1}{\theta X^{15}} \quad (10.4.29)$$

式中

$$X = \frac{\phi(\sigma) - At}{\sqrt{2Dt}}, \phi(\sigma) = \int_{c_0}^{c_k} \frac{\mathrm{d}c}{\beta} \quad (10.4.30)$$

式（10.4.29）后一个近似成立的条件为 $X \geqslant 2.5$，其中，$\theta = 2 \times 10^{-3}$。

将式（10.4.29）和式（10.4.30）代入式（10.4.27），得应力可靠性的近似表达式为

$$R(\sigma) \approx \exp\left\{-\frac{N_1 V}{\theta}\left[\frac{\sqrt{8\eta^2 \nu_0} \pi(1-\nu^2) L\sigma^2 \exp\left(-\frac{U}{2kT}\right)\sinh\left(\frac{\alpha\sigma}{kT}\right)}{G_{\mathrm{Ic}} E}\right]^{15}\right\} \quad (10.4.31)$$

显然，此近似表达式仍满足物理要求 $R(\sigma=0)=1$ 和 $R(\sigma\to\infty)=0$。

再求式（10.4.28）的近似表达式，由式（10.4.20）得

$$\int_0^t P(t,\sigma)\,dt \approx \frac{A}{\sqrt{2\pi D}}\int_0^t \frac{1}{\sqrt{t}}\exp\left[-\frac{(\phi(\sigma)-At)^2}{2Dt}\right]dt \approx \frac{A\phi(\sigma)}{\sqrt{\pi D}\theta_1 X^{30}} \quad (10.4.32)$$

式中，$\theta_1 = 10^{-10}$。将式（10.4.32）代入式（10.4.28），得时间可靠性的近似表达式为

$$R(t) \approx \exp\left\{-\frac{N_1 V G_{Ic} E}{\pi^{3/2}\eta^2\theta_1(1-\nu^2)L\sigma^2\sinh\left(\frac{\alpha\sigma}{kT}\right)}\cdot\left[\frac{\sqrt{8\eta^2\nu_0 t}\pi(1-\nu^2)L\sigma^2\exp\left(-\frac{U}{2kT}\right)\sinh\left(\frac{\alpha\sigma}{kT}\right)}{G_{Ic} E}\right]^{30}\right\} \quad (10.4.33)$$

显然，此近似表达式仍满足物理要求 $R(\sigma=0)=1$ 和 $R(\sigma\to\infty)=0$。

利用后面的平均断裂寿命 τ 的公式（见（10.4.41），其具体推导过程见后文），则时间可靠性近似表达式（见式（10.4.33））可写为

$$R(t) \approx \exp\left\{-\left[\Gamma\left(\frac{16}{15}\right)\frac{t}{\tau}\right]^{15}\right\} \quad (10.4.34)$$

式中，Γ 为伽马（Gamma）函数。

这样，时间可靠性 $R(t)$ 仅由其延时应力作用的时间 t 与材料平均断裂寿命 τ 的比值 t/τ 决定，t/τ 越大，$R(t)$ 越小。至此，若将 t/τ 视为损伤率，则可抛开微观机理而将热激活延时断裂过程笼统地视为一种损伤过程，损伤率越大，时间可靠性越小。

若作用于材料的延时应力不是常应力而是变应力，则可把此变应力视为一系列常应力 $\sigma_i(i=1,2,\cdots,m)$ 的叠加。根据损伤独立性原理，变应力的时间可靠性应等于各个常应力可靠性之积，即

$$R(t) = \prod_{i=1}^m R(t_i) \approx \exp\left\{-\sum_{i=1}^m\left[\Gamma\left(\frac{16}{15}\right)\frac{t_i}{\tau_i}\right]^{15}\right\} \quad (10.4.35)$$

式中，t_i 为常应力 σ_i 的作用时间；τ_i 为材料在 σ_i 作用下的平均断裂寿命。若取 $R=e^{-1}=0.3679$ 作为材料发生断裂的特征可靠性，则有

$$\sum_{i=1}^m\left[\Gamma\left(\frac{16}{15}\right)\frac{t_i}{\tau_i}\right]^{15} = 1 \quad (10.4.36)$$

这可看作是热激活延时断裂累积损伤的非线性规则。

应该指出，关于热激活延时断裂的可靠性问题，迄今为止实验资料很少，因而本节所得的结果，只能视为一种理论预言。

5. 断裂强度和寿命分布

由于微观结构（包括成分和缺陷）具有不均匀性及热涨落的动态性，因此即使实际材料的宏观成分、工艺条件、几何形状和尺寸相同，每个试样也都有自己的断裂强

度（当断裂寿命相同时）和断裂寿命（当断裂强度相同时），它们是互不相同的，遵守着确定的统计分布规律。强度统计分布函数 $W_f(\sigma)d\sigma$ 和寿命统计分布函数 $W_f(t)dt$ 就是分别描述强度和寿命这种统计分布规律的。前者表示材料经延时应力作用 t 时于应力 σ 和 $\sigma+d\sigma$ 间发生断裂的概率，后者表示材料在延时应力 σ 作用下于 t 和 $t+dt$ 时间间隔内发生断裂的概率。

由式（10.4.21）和式（10.4.23），得强度统计分布函数的表达式为

$$W_f(\sigma)d\sigma = \frac{\partial P_f(\sigma)}{\partial \sigma}d\sigma \approx M_1 \exp\left[-M_1\int_0^\sigma P(\sigma,t)d\sigma\right]P(\sigma,t)d\sigma$$

即得

$$W_f(\sigma)d\sigma \approx \frac{N_1 V G_{Ic} E}{\sqrt{2\pi^3 \eta^2 \nu_0 t\exp\left(-\dfrac{U}{kT}\right)}(1-\nu^2)\sigma^3 L \sinh\left(\dfrac{\alpha\sigma}{kT}\right)} \cdot$$

$$\exp\left\{-\frac{N_1 V G_{Ic} E}{\sqrt{2\pi^3 \eta^2 \nu_0 t\exp\left(-\dfrac{U}{kT}\right)}(1-\nu^2)L}\int_0^\sigma \frac{1}{\sigma^3 \sinh\left(\dfrac{\alpha\sigma}{kT}\right)}\right.\cdot$$

$$\left.\exp\left\{-\frac{\left[\dfrac{G_{Ic}E}{\pi(1-\nu^2)\sigma^2}-c_0-\nu_0 tL\exp\left(-\dfrac{U}{kT}\right)\sinh\left(\dfrac{\alpha\sigma}{kT}\right)\right]^2}{8\eta^2\nu_0 tL^2 \exp\left(-\dfrac{U}{kT}\right)\left[\sinh\left(\dfrac{\alpha\sigma}{kT}\right)\right]^2}\right\}d\sigma\right\}\cdot$$

$$\exp\left\{-\frac{\left[\dfrac{G_{Ic}E}{\pi(1-\nu^2)\sigma^2}-c_0-\nu_0 tL\exp\left(-\dfrac{U}{kT}\right)\sinh\left(\dfrac{\alpha\sigma}{kT}\right)\right]^2}{8\eta^2\nu_0 tL^2 \exp\left(-\dfrac{U}{kT}\right)\left[\sinh\left(\dfrac{\alpha\sigma}{kT}\right)\right]^2}\right\}d\sigma \quad (10.4.37)$$

由式（10.4.22）和式（10.4.24），得寿命统计分布函数的表达式为

$$W_f(t)dt = \frac{\partial P_f(t)}{\partial t}dt \approx M_1\exp\left[-M_1\int_0^t P(t,\sigma)dt\right]P(t,\sigma)dt$$

即得

$$W_f(t)dt = \frac{\partial P_f(t)}{\partial t}dt \approx N_1 V \sqrt{\frac{\nu_0 \exp\left(-\dfrac{U}{kT}\right)}{2\pi\eta^2 t}}\exp\left\{-N_1 V\sqrt{\frac{\nu_0 \exp\left(-\dfrac{U}{kT}\right)}{2\pi\eta^2}}\right.\cdot$$

$$\left.\int_0^t \frac{1}{\sqrt{t}}\exp\left\{-\frac{\left[\dfrac{G_{Ic}E}{\pi(1-\nu^2)\sigma^2}-c_0-\nu_0 tL\exp\left(-\dfrac{U}{kT}\right)\sinh\left(\dfrac{\alpha\sigma}{kT}\right)\right]^2}{8\eta^2\nu_0 tL^2 \exp\left(-\dfrac{U}{kT}\right)\left[\sinh\left(\dfrac{\alpha\sigma}{kT}\right)\right]^2}\right\}dt\right\}\cdot$$

$$\exp\left\{-\frac{\left[\frac{G_{Ic}E}{\pi(1-\nu^2)\sigma^2}-c_0-\nu_0 tL\exp\left(-\frac{U}{kT}\right)\sinh\left(\frac{\alpha\sigma}{kT}\right)\right]^2}{8\eta^2\nu_0 tL^2\exp\left(-\frac{U}{kT}\right)\left[\sinh\left(\frac{\alpha\sigma}{kT}\right)\right]^2}\right\}dt \qquad (10.4.38)$$

显然，$W_f(\sigma)d\sigma$ 和 $W_f(t)dt$ 都满足归一化条件 $\int_0^\infty W_f(\sigma)d\sigma = 1$ 和 $\int_0^\infty W_f(t)dt = 1$。

由式（10.4.37）和式（10.4.38）可见，强度和寿命的统计分布函数同样是由外应力 σ、温度 T、时间 t 和材料特征量 U，α，G_{Ic}，E 和 V 等决定的。

利用可靠性近似表达式（见式（10.4.34）），热激活延时断裂的寿命统计分布函数可进一步近似简化为

$$W_f(t)dt \approx 15\left[\frac{\Gamma\left(\frac{16}{15}\right)}{\tau}\right]^{15}t^{14}\exp\left\{-\left[\Gamma\left(\frac{16}{15}\right)\frac{t}{\tau}\right]^{15}\right\}dt \qquad (10.4.39)$$

这正是 Weibull 统计分布，即热激活延时断裂寿命近似地遵守 Weibull 统计规律。应该指出，人们已熟知疲劳寿命的统计分布规律，但热激活延时断裂到底遵守什么样的统计分布规律，除个别理论结果指出应遵守 Weibull 统计规律外，迄今尚无实验结果。因而本部分的结果是否正确，有待未来的实验检验。

6. 平均断裂寿命

如上所述，实际材料试样的断裂寿命是遵守确定的统计分布规律的，因而只有大量试样系综的断裂寿命平均值，才能精确反映实际材料的断裂特性。设 τ 为试样系综的平均断裂寿命，则有

$$\tau = \int_0^\infty tW_f(t)dt = \int_0^\infty R(t)dt \qquad (10.4.40)$$

将式（10.4.28）代入式（10.4.40），得材料平均断裂寿命的表达式。由于此表达式无解析结果，将式（10.4.33）代入式（10.4.40），得平均断裂寿命的近似表达式为

$$\tau \approx \frac{\Gamma\left(\frac{16}{15}\right)\tau_0}{2\eta^2}\left(\frac{\sqrt{\pi}\eta^2\theta_1}{N_1 V}\right)^{1/15}\left[\frac{G_{Ic}E}{\pi(1-\nu^2)b\sigma^2}\right]^{29/15}\exp\left(\frac{U}{kT}\right)\left[\sinh\left(\frac{\alpha\sigma}{kT}\right)\right]^{-29/15} \qquad (10.4.41)$$

式中，$\tau_0 = 1/\nu_0$ 为原子本征振动周期。

当 $\frac{\alpha\sigma}{kT} \gg 1$ 时，式（10.4.41）变为

$$\tau \approx \tau_0\exp\left(\frac{U-\gamma\sigma}{kT}\right) \qquad (10.4.42)$$

式中

$$\gamma\sigma \approx \alpha\sigma + kT\ln\left[\frac{2\eta^2}{\Gamma\left(\frac{16}{15}\right)}\left[\frac{\pi(1-\nu^2)b\sigma^2}{G_{Ic}E}\right]^{29/15}\left(\frac{N_1 V}{\sqrt{\pi}\eta^2\theta_1}\right)^{1/15}\right] \quad (10.4.43)$$

当 $\dfrac{\alpha\sigma}{kT} \ll 1$ 时，式（10.4.41）变为

$$\tau \approx \frac{\Gamma\left(\frac{16}{15}\right)\tau_0}{8\eta^2}\left(\frac{2\sqrt{\pi}\eta^2\theta_1}{N_1 V}\right)^{1/15}\left[\frac{kTG_{Ic}E}{\pi(1-\nu^2)b\alpha}\right]^{29/15}\exp\left(-\frac{U}{kT}\right)\sigma^{-58/15} \quad (10.4.44)$$

式（10.4.41）、式（10.4.42）和式（10.4.44）就是三种情况下的平均断裂寿命公式。式（10.4.41）为普遍适用的情况；式（10.4.42）正是众所周知的 Журков 经验公式；式（10.4.44）则为蠕变断裂寿命。

从式（10.4.41）、式（10.4.42）和式（10.4.44）可见，平均断裂寿命是随外应力 σ，温度 T，材料特征量 U，α，G_{Ic}，E 和 V 而变化的，对结构敏感。

平均断裂寿命之所以随外应力 σ 增大而减小，是因为断裂是一种裂纹长大的过程，需要时间。外应力 σ 越大，裂纹长大越快，因而寿命越小；反之，结果相反。

平均断裂寿命之所以随裂纹扩展力 G_{Ic} 增大而延长，是因为 G_{Ic} 越大，裂纹扩展越难，因此其寿命越长；反之，结果相反。应该指出，在过去的理论和实验文献中，很少有这样的结果。由于 G_{Ic} 是宏观量，易于测量，故 τ 与 G_{Ic} 的函数关系不仅可用来检验本部分的预言是否正确，还可以成为提高金属平均断裂寿命的一条新途径。

平均断裂寿命随体积 V 增大而缓慢缩短的微弱尺寸效应，正是统计性的反应，过去文献中已有类似的研究，只是尚无定量的实验结果。

本部分从微裂纹按原子键破裂机理随机长大导致材料热激活延时断裂这一基本思路出发，从理论上统一导出了微裂纹分布函数、断裂概率、可靠性、断裂强度和断裂寿命分布函数、平均断裂寿命等，且所有这些结果都可以用同一组物理参量表示，并适用于广泛的应力范围内。

与现有其他延时断裂理论相比，本部分理论有以下两个显著特点。

（1）从理论框架来看，本部分理论突出了延时断裂微裂纹动力学、统计性以及原子键破裂机理与宏观特性相结合之间的有机联系。

（2）从具体结果来说，本部分理论不仅统一导出了现有延时断裂的所有主要规律，而且提供了一些新结果和预言。

当然，由于延时断裂过程甚为复杂，本理论中不少近似尚有待改进，有些结果有待未来的实验检验。

10.5 热激活断裂非平衡统计理论

热激活断裂非平衡统计理论的主要目的是从微观机理出发,研究热激活断裂的宏观规律。关于热激活断裂的动力学特性,Журков 早有系统的实验研究,只是至今缺乏定量的理论,本节试图从微裂纹长大的原子键破裂机理出发,结合非平衡统计断裂理论方法,推导出描述宏观特性的热激活断裂理论。

1. 长大方程和原子键破裂机理

热激活断裂过程的物理图像与脆性断裂和疲劳断裂的物理图像相似,由于热涨落和材料微观结构背景涨落的存在,微裂纹演化过程可看作一个随机过程,描述这种随机长大过程的微分方程为前面引入的福克-普朗克方程,即式(10.1.5),其中,$K(c) = A\beta(c)$。

根据微裂纹长大的原子键破裂机理,如图 10.4.1 所示,热激活微裂纹长大速率为

$$\dot{c} = \nu_0 L \exp\left(-\frac{U-w}{kT}\right) \quad (10.5.1)$$

式中,ν_0 为原子本征振动频率;k 为玻尔兹曼常数;T 为温度;U 为破坏一个原子键所需的激活能;$L = nb$,b 为原子间距,$n = 1, 2, 3, \cdots$;w 为外应力所做的功,有两种形式

$$w = \begin{cases} \alpha_V \sigma & (10.5.2A) \\ \alpha_A c\sigma & (10.5.2B) \end{cases}$$

式中,α_V 为激活体积;α_A 为激活面积。下面将会看到,由于式(10.5.2A)和式(10.5.2B)的差别,后面的一系列结果都将有所不同,对应的结果将分别以(…A)和(…B)表示。

由式(10.5.1)、式(10.5.2A)和式(10.5.2B)可知

$$\left.\begin{aligned}
A &= \nu_0 \exp\left(-\frac{U}{kT}\right) \\
\beta &= L\exp\left(\frac{\alpha_V \sigma}{kT}\right) \\
D &\approx \eta^2 A = \eta^2 \nu_0 \exp\left(-\frac{U}{kT}\right) \\
\eta^2 &= \left(\frac{\alpha_V \sigma}{kT}\right)^2 \frac{<\Delta \alpha_V^2>}{\alpha_V^2} + \left(\frac{U - \alpha_V \sigma}{kT}\right)^2 \frac{<\Delta T^2>}{T^2}
\end{aligned}\right\} \quad (10.5.3A)$$

$$\left.\begin{array}{l} A = \nu_0 \exp\left(-\dfrac{U}{kT}\right) \\[6pt] \beta = L\exp\left(\dfrac{\alpha_A c\sigma}{kT}\right) \\[6pt] D \approx \eta^2 A = \eta^2 \nu_0 \exp\left(-\dfrac{U}{kT}\right) \\[6pt] \eta^2 = \left(\dfrac{\alpha_A c\sigma}{kT}\right)^2 \dfrac{<\Delta\alpha_A^2>}{\alpha_A^2} + \left(\dfrac{U-\alpha_A c\sigma}{kT}\right)^2 \dfrac{<\Delta T^2>}{T^2} \end{array}\right\} \quad (10.5.3B)$$

2. 微裂纹分布函数

现在根据原子键破裂机理来求微裂纹概率密度函数 $P(c_0,c;t)$。将式 (10.5.3A) 代入式 (10.1.5), 得

$$P(c_0,c;t)\mathrm{d}c = \dfrac{1}{\sqrt{2\pi\eta^2\nu_0 tL^2\exp\left(-\dfrac{U-2\alpha_V\sigma}{kT}\right)}} \cdot$$

$$\exp\left\{-\dfrac{\left[c-c_0-\nu_0 tL\exp\left(-\dfrac{U-\alpha_V\sigma}{kT}\right)\right]^2}{2\eta^2\nu_0 tL^2\exp\left(-\dfrac{U-2\alpha_V\sigma}{kT}\right)}\right\}\mathrm{d}c \quad (10.5.4\mathrm{A})$$

可见, 这时 $P(c_0,c;t)$ 应是微裂纹长度 c 的正态分布函数。

将式 (10.5.3B) 代入式 (10.1.5), 得

$$P(c_0,c;t)\mathrm{d}c = \dfrac{1}{\sqrt{2\pi\eta^2\nu_0 tL^2\exp\left(-\dfrac{U-2\alpha_A c\sigma}{kT}\right)}} \cdot$$

$$\exp\left\{-\dfrac{\left[\dfrac{kT}{\alpha_A\sigma L}\left[\exp\left(-\dfrac{\alpha_A c_0\sigma}{kT}\right)-\exp\left(-\dfrac{\alpha_A c\sigma}{kT}\right)\right]-\nu_0 tL\exp\left(-\dfrac{U}{kT}\right)\right]^2}{2\eta^2\nu_0 t\exp\left(-\dfrac{U}{kT}\right)}\right\}\mathrm{d}c$$

$$(10.5.4\mathrm{B})$$

这时 $P(c_0,c;t)$ 是微裂纹长度 c 的负指数正态分布函数。

将式 (10.5.4A) 和式 (10.5.4B) 代入式 (10.4.16), 则得

$$P(t,c)\mathrm{d}t = \sqrt{\dfrac{\nu_0\exp\left(-\dfrac{U}{kT}\right)}{2\pi\eta^2 t}} \cdot \exp\left\{-\dfrac{\left[c-c_0-\nu_0 tL\exp\left(-\dfrac{U-\alpha_V\sigma}{kT}\right)\right]^2}{2\eta^2\nu_0 tL^2\exp\left(-\dfrac{U-2\alpha_V\sigma}{kT}\right)}\right\}\mathrm{d}t \quad (10.5.5\mathrm{A})$$

$$P(t,c)\mathrm{d}t = \sqrt{\frac{\nu_0 \exp\left(-\frac{U}{kT}\right)}{2\pi\eta^2 t}} \cdot$$

$$\exp\left\{-\frac{\left[\frac{kT}{\alpha_A \sigma L}\left[\exp\left(-\frac{\alpha_A c_0 \sigma}{kT}\right) - \exp\left(-\frac{\alpha_A c \sigma}{kT}\right)\right] - \nu_0 tL\exp\left(-\frac{U}{kT}\right)\right]^2}{2\eta^2 \nu_0 t\exp\left(-\frac{U}{kT}\right)}\right\}\mathrm{d}t$$

(10.5.5B)

式（10.5.5A）和式（10.5.5B）就是基于原子键破裂机理求得的微裂纹的时间概率密度函数。

3. 断裂概率

接下来讨论材料的断裂概率。与脆性断裂和疲劳断裂类似，整个热激活断裂过程原则上可分为两个阶段，即大量微裂纹的成核长大阶段和单个主裂纹的传播阶段；前者是低速阶段，后者是高速阶段。由于裂纹传播是以弹性波的速率在固体中进行的，只要主裂纹开始传播，断裂将立即发生，因此，材料的断裂寿命主要由低速过程决定，高速过程所消耗的时间可以略去。在微裂纹长大的原子键破裂机理中，目前尚不知以什么样的传播条件取代 Griffith 关于裂纹的传播条件，因而仍用式（10.4.18）。

根据确定论观点，式（10.4.18）可看作裂纹传播的充要条件。但根据概率论观点，当式（10.4.18）满足时，裂纹只有某种概率发生传播。设 $P(\sigma,t)\mathrm{d}\sigma$ 为延时应力作用 t 时一个裂纹在应力 σ 和 $\sigma+\mathrm{d}\sigma$ 间传播的概率，根据概率论，应有 $P(\sigma,t)\mathrm{d}\sigma = P(c,t)|\mathrm{d}c|$，将式（10.5.4A）、式（10.5.4B）和式（10.4.18）代入可得

$$P(\sigma,t)\mathrm{d}\sigma = \sqrt{\frac{2}{\pi^3\eta^2\nu_0 t\exp\left(-\frac{U}{kT}\right)}} \cdot \frac{G_{Ic}E}{(1-\nu^2)\sigma^3 L\exp\left(\frac{\alpha_V \sigma}{kT}\right)} \cdot$$

$$\exp\left\{-\frac{\left[\frac{G_{Ic}E}{\pi(1-\nu^2)\sigma^2} - c_0 - \nu_0 tL\exp\left(-\frac{U-\alpha_V\sigma}{kT}\right)\right]^2}{2\eta^2\nu_0 tL^2\exp\left(-\frac{U-2\alpha_V\sigma}{kT}\right)}\right\}\mathrm{d}\sigma \quad (10.5.6A)$$

$$P(\sigma,t)\mathrm{d}\sigma = \sqrt{\frac{2}{\pi^3\eta^2\nu_0 t\exp\left(-\frac{U}{kT}\right)}} \cdot \frac{G_{Ic}E}{(1-\nu^2)\sigma^3 L\exp\left(\frac{\alpha_A G_{Ic}E}{\pi(1-\nu^2)kT\sigma}\right)} \cdot$$

$$\exp\left\{-\frac{\left[\frac{kT}{\alpha_A \sigma L}\left[\exp\left(-\frac{\alpha_A c_0 \sigma}{kT}\right) - \exp\left(-\frac{\alpha_A G_{Ic}E}{\pi(1-\nu^2)kT\sigma}\right)\right] - \nu_0 tL\exp\left(-\frac{U}{kT}\right)\right]^2}{2\eta^2\nu_0 t\exp\left(-\frac{U}{kT}\right)}\right\}\mathrm{d}\sigma$$

(10.5.6B)

将式（10.4.18）分别代入式（10.5.5A）和式（10.5.5B），得

$$P(t,\sigma)\mathrm{d}t = \sqrt{\frac{\nu_0 \exp\left(-\dfrac{U}{kT}\right)}{2\pi\eta^2 t}} \cdot \exp\left\{-\frac{\left[\dfrac{G_{\mathrm{Ic}}E}{\pi(1-\nu^2)\sigma^2} - c_0 - \nu_0 tL\exp\left(-\dfrac{U-\alpha_{\mathrm{V}}\sigma}{kT}\right)\right]^2}{2\eta^2 \nu_0 tL^2 \exp\left(-\dfrac{U-2\alpha_{\mathrm{V}}\sigma}{kT}\right)}\right\}\mathrm{d}t$$

(10.5.7A)

$$P(t,\sigma)\mathrm{d}t = \sqrt{\frac{\nu_0 \exp\left(-\dfrac{U}{kT}\right)}{2\pi\eta^2 t}} \cdot$$

$$\exp\left\{-\frac{\left[\dfrac{kT}{\alpha_{\mathrm{A}}\sigma L}\left[\exp\left(-\dfrac{\alpha_{\mathrm{A}}c_0\sigma}{kT}\right) - \exp\left(-\dfrac{\alpha_{\mathrm{A}}G_{\mathrm{Ic}}E}{\pi(1-\nu^2)kT\sigma}\right)\right] - \nu_0 t\exp\left(-\dfrac{U}{kT}\right)\right]^2}{2\eta^2 \nu_0 t\exp\left(-\dfrac{U}{kT}\right)}\right\}\mathrm{d}t$$

(10.5.7B)

通常，材料中不是只存在一个裂纹而是存在大量裂纹。设 V 为材料的体积，M 为材料单位体积中能传播的裂纹数目，$M_1 = MV$ 为材料中的微裂纹总数目，根据导致断裂的最弱链模型，将式（10.5.6A）和式（10.5.6B）分别代入式（10.4.21），得应力断裂概率的表达式为

$$P_{\mathrm{f}}(\sigma) \approx 1 - \exp\left\{-MV\sqrt{\frac{2}{\pi^3\eta^2\nu_0 t\exp\left(-\dfrac{U}{kT}\right)}} \frac{G_{\mathrm{Ic}}E}{(1-\nu^2)L}\int_0^\sigma \frac{1}{\sigma^3\exp\left(\dfrac{\alpha_{\mathrm{V}}\sigma}{kT}\right)} \cdot \right.$$

$$\left. \exp\left\{-\frac{\left[\dfrac{G_{\mathrm{Ic}}E}{\pi(1-\nu^2)\sigma^2} - c_0 - \nu_0 tL\exp\left(-\dfrac{U-\alpha_{\mathrm{V}}\sigma}{kT}\right)\right]^2}{2\eta^2 \nu_0 tL^2\exp\left(-\dfrac{U-2\alpha_{\mathrm{V}}\sigma}{kT}\right)}\right\}\mathrm{d}\sigma\right\}$$

(10.5.8A)

$$P_{\mathrm{f}}(\sigma) \approx 1 - \exp\left\{-MV\sqrt{\frac{2}{\pi^3\eta^2\nu_0 t\exp\left(-\dfrac{U}{kT}\right)}} \frac{G_{\mathrm{Ic}}E}{(1-\nu^2)L}\int_0^\sigma \frac{1}{\sigma^3\exp\left(\dfrac{\alpha_{\mathrm{A}}G_{\mathrm{Ic}}E}{\pi(1-\nu^2)kT\sigma}\right)} \cdot \right.$$

$$\left. \exp\left\{-\frac{\left[\dfrac{kT}{\alpha_{\mathrm{A}}\sigma L}\left[\exp\left(-\dfrac{\alpha_{\mathrm{A}}c_0\sigma}{kT}\right) - \exp\left(-\dfrac{\alpha_{\mathrm{A}}G_{\mathrm{Ic}}E}{\pi(1-\nu^2)kT\sigma}\right)\right] - \nu_0 t\exp\left(-\dfrac{U}{kT}\right)\right]^2}{2\eta^2 \nu_0 t\exp\left(-\dfrac{U}{kT}\right)}\right\}\mathrm{d}\sigma\right\}$$

(10.5.8B)

将式（10.5.7A）和式（10.5.7B）分别代入式（10.4.22），得时间断裂概率的表达式为

$$P_{\mathrm{f}}(t) \approx 1 - \exp\left\{-MV\sqrt{\frac{\nu_0 \exp\left(-\dfrac{U}{kT}\right)}{2\pi^2\eta^2}} \cdot \right.$$

$$\left. \int_0^t \frac{1}{\sqrt{t}} \cdot \exp\left\{-\frac{\left[\dfrac{G_{\mathrm{Ic}}E}{\pi(1-\nu^2)\sigma^2} - c_0 - \nu_0 tL\exp\left(-\dfrac{U-\alpha_{\mathrm{V}}\sigma}{kT}\right)\right]^2}{2\eta^2 \nu_0 tL^2 \exp\left(-\dfrac{U-2\alpha_{\mathrm{V}}\sigma}{kT}\right)}\right\} \mathrm{d}t \right\}$$

(10.5.9A)

$$P_{\mathrm{f}}(t) \approx 1 - \exp\left\{-MV\sqrt{\frac{\nu_0 \exp\left(-\dfrac{U}{kT}\right)}{2\pi^2\eta^2}} \cdot \right.$$

$$\left. \int_0^t \frac{1}{\sqrt{t}} \cdot \exp\left\{-\frac{\left[\dfrac{kT}{\alpha_{\mathrm{A}}\sigma L}\left[\exp\left(-\dfrac{\alpha_{\mathrm{A}} c_0 \sigma}{kT}\right) - \exp\left(-\dfrac{\alpha_{\mathrm{A}} G_{\mathrm{Ic}} E}{\pi(1-\nu^2)kT\sigma}\right)\right] - \nu_0 t\exp\left(-\dfrac{U}{kT}\right)\right]^2}{2\eta^2 \nu_0 t\exp\left(-\dfrac{U}{kT}\right)}\right\} \mathrm{d}t \right\}$$

(10.5.9B)

由式（10.5.8A）~ 式（10.5.9B）可见，断裂概率 $P_{\mathrm{f}}(\sigma)$ 和 $P_{\mathrm{f}}(t)$ 是随外应力 σ、温度 T、时间 t 和材料特征量 U，$\alpha_{\mathrm{V}}(\alpha_{\mathrm{A}})$，$G_{\mathrm{Ic}}$，$E$ 及 V 等变化的。在同一外应力 σ、温度 T 和时间 t 作用下，由于各种材料特征量的不同，其断裂概率也是不同的。

4. 可靠性

用 $R(\sigma)$ 表示应力可靠性，用 $R(t)$ 表示时间可靠性。根据可靠性定义及式（10.4.21）和式（10.4.22），应有

$$R(\sigma) = 1 - P_{\mathrm{f}}(\sigma) \approx \exp\left[-MV\int_0^\sigma P(\sigma,t)\mathrm{d}\sigma\right] \tag{10.5.10}$$

$$R(t) = 1 - P_{\mathrm{f}}(t) \approx \exp\left[-MV\int_0^t P(t,\sigma)\mathrm{d}t\right] \tag{10.5.11}$$

将式（10.5.8A）和式（10.5.8B）分别代入式（10.5.10），得应力可靠性的表达式为

$$R(\sigma) \approx \exp\left\{-MV\sqrt{\frac{2}{\pi^3\eta^2\nu_0 t\exp\left(-\dfrac{U}{kT}\right)}} \frac{G_{\mathrm{Ic}}E}{(1-\nu^2)L}\int_0^\sigma \frac{1}{\sigma^3 \exp\left(\dfrac{\alpha_{\mathrm{V}}\sigma}{kT}\right)} \cdot \right.$$

$$\left. \exp\left\{-\frac{\left[\dfrac{G_{\mathrm{Ic}}E}{\pi(1-\nu^2)\sigma^2} - c_0 - \nu_0 tL\exp\left(-\dfrac{U-\alpha_{\mathrm{V}}\sigma}{kT}\right)\right]^2}{2\eta^2 \nu_0 tL^2 \exp\left(-\dfrac{U-2\alpha_{\mathrm{V}}\sigma}{kT}\right)}\right\} \mathrm{d}\sigma\right\}$$

(10.5.12A)

$$R(\sigma) \approx \exp\left\{-MV\sqrt{\frac{2}{\pi^3\eta^2\nu_0 t\exp\left(-\frac{U}{kT}\right)}}\frac{G_{\mathrm{Ic}}E}{(1-\nu^2)L}\int_0^\sigma \frac{1}{\sigma^3\exp\left(\frac{\alpha_A G_{\mathrm{Ic}}E}{\pi(1-\nu^2)kT\sigma}\right)}\cdot\right.$$

$$\left.\exp\left\{-\frac{\left[\frac{kT}{\alpha_A \sigma L}\left[\exp\left(-\frac{\alpha_A c_0 \sigma}{kT}\right)-\exp\left(-\frac{\alpha_A G_{\mathrm{Ic}}E}{\pi(1-\nu^2)kT\sigma}\right)\right]-\nu_0 t\exp\left(-\frac{U}{kT}\right)\right]^2}{2\eta^2\nu_0 t\exp\left(-\frac{U}{kT}\right)}\right\}\mathrm{d}\sigma\right\}$$

(10.5.12B)

将式（10.5.9A）和式（10.5.9B）代入式（10.5.11），得时间可靠性的表达式为

$$R(t) \approx \exp\left\{-MV\sqrt{\frac{\nu_0\exp\left(-\frac{U}{kT}\right)}{2\pi^2\eta^2}}\cdot\right.$$

$$\left.\int_0^t \frac{1}{\sqrt{t}}\cdot\exp\left\{-\frac{\left[\frac{G_{\mathrm{Ic}}E}{\pi(1-\nu^2)\sigma^2}-c_0-\nu_0 tL\exp\left(-\frac{U-\alpha_V\sigma}{kT}\right)\right]^2}{2\eta^2\nu_0 tL^2\exp\left(-\frac{U-2\alpha_V\sigma}{kT}\right)}\right\}\mathrm{d}t\right\} \quad (10.5.13\mathrm{A})$$

$$R(t) \approx \exp\left\{-MV\sqrt{\frac{\nu_0\exp\left(-\frac{U}{kT}\right)}{2\pi^2\eta^2}}\cdot\right.$$

$$\left.\int_0^t \frac{1}{\sqrt{t}}\cdot\exp\left\{-\frac{\left[\frac{kT}{\alpha_A \sigma L}\left[\exp\left(-\frac{\alpha_A c_0 \sigma}{kT}\right)-\exp\left(-\frac{\alpha_A G_{\mathrm{Ic}}E}{\pi(1-\nu^2)kT\sigma}\right)\right]-\nu_0 t\exp\left(-\frac{U}{kT}\right)\right]^2}{2\eta^2\nu_0 t\exp\left(-\frac{U}{kT}\right)}\right\}\mathrm{d}t\right\}$$

(10.5.13B)

与断裂概率相似，可靠性 $R(\sigma)$ 和 $R(t)$ 也是随外应力 σ、温度 T、时间 t 及材料特征量 U，$\alpha_V(\alpha_A)$，G_{Ic}，E 和 V 等变化的。

5. 断裂寿命分布

由式（10.5.6A）和式（10.5.6B），得断裂强度统计分布函数的表达式为

$$W_{\mathrm{f}}(\sigma)\mathrm{d}\sigma = \frac{\partial P_{\mathrm{f}}(\sigma)}{\partial \sigma}\mathrm{d}\sigma \approx M_1\exp\left[-M_1\int_0^\sigma P(\sigma,t)\mathrm{d}\sigma\right]P(\sigma,t)\mathrm{d}\sigma$$

$$= \sqrt{\frac{2}{\pi^3\eta^2\nu_0 t\exp\left(-\frac{U}{kT}\right)}}\cdot\frac{MVG_{\mathrm{Ic}}E}{(1-\nu^2)\sigma^3 L\exp\left(\frac{\alpha_V\sigma}{kT}\right)}\cdot$$

$$\exp\left\{-MV\sqrt{\frac{2}{\pi^3\eta^2\nu_0 t\exp\left(-\frac{U}{kT}\right)}}\cdot\frac{G_{\mathrm{Ic}}E}{(1-\nu^2)}\int_0^\sigma \frac{1}{\sigma^3\exp\left(\frac{\alpha_V\sigma}{kT}\right)}\cdot\right.$$

$$\exp\left\{-\frac{\left[\dfrac{G_{Ic}E}{\pi(1-\nu^2)\sigma^2} - c_0 - \nu_0 tL\exp\left(-\dfrac{U-\alpha_V\sigma}{kT}\right)\right]^2}{2\eta^2\nu_0 tL\exp\left(-\dfrac{U-2\alpha_V\sigma}{kT}\right)}\right\}d\sigma \cdot$$

$$\exp\left\{-\frac{\left[\dfrac{G_{Ic}E}{\pi(1-\nu^2)\sigma^2} - c_0 - \nu_0 tL\exp\left(-\dfrac{U-\alpha_V\sigma}{kT}\right)\right]^2}{2\eta^2\nu_0 tL\exp\left(-\dfrac{U-2\alpha_V\sigma}{kT}\right)}\right\}d\sigma \quad (10.5.14A)$$

$$W_f(\sigma)d\sigma \approx \sqrt{\frac{2}{\pi^3\eta^2\nu_0 t\exp\left(-\dfrac{U}{kT}\right)}} \cdot \frac{MVG_{Ic}E}{(1-\nu^2)\sigma^3 L\exp\left(\dfrac{\alpha_A G_{Ic}E}{\pi(1-\nu^2)kT\sigma}\right)} \cdot$$

$$\exp\left\{-MV\sqrt{\frac{2}{\pi^3\eta^2\nu_0 t\exp\left(-\dfrac{U}{kT}\right)}} \cdot \frac{G_{Ic}E}{(1-\nu^2)L}\int_0^\sigma \frac{1}{\sigma^3\exp\left(\dfrac{\alpha_A G_{Ic}E}{\pi(1-\nu^2)kT\sigma}\right)} \cdot\right.$$

$$\exp\left\{-\frac{\left[\dfrac{kT}{\alpha_A\sigma L}\left[\exp\left(-\dfrac{\alpha_A c_0\sigma}{kT}\right) - \exp\left(-\dfrac{\alpha_A G_{Ic}E}{\pi(1-\nu^2)kT\sigma}\right)\right] - \nu_0 tL\exp\left(-\dfrac{U}{kT}\right)\right]^2}{2\eta^2\nu_0\exp\left(-\dfrac{U}{kT}\right)}\right\}d\sigma\left.\right\} \cdot$$

$$\exp\left\{-\frac{\left[\dfrac{kT}{\alpha_A\sigma L}\left[\exp\left(-\dfrac{\alpha_A c_0\sigma}{kT}\right) - \exp\left(-\dfrac{\alpha_A G_{Ic}E}{\pi(1-\nu^2)kT\sigma}\right)\right] - \nu_0 tL\exp\left(-\dfrac{U}{kT}\right)\right]^2}{2\eta^2\nu_0 t\exp\left(-\dfrac{U}{kT}\right)}\right\}d\sigma$$

$$(10.5.14B)$$

由式（10.5.7A）和式（10.5.7B），得断裂寿命统计分布函数的表达式为

$$W_f(t)dt = \frac{\partial P_f(t)}{\partial t}dt \approx M_1\exp\left[-M_1\int_0^t P(t,\sigma)dt\right]P(t,\sigma)dt$$

$$= MV\sqrt{\frac{\nu_0\exp\left(-\dfrac{U}{kT}\right)}{2\pi^2\eta^2 t}}\exp\left\{-MV\sqrt{\frac{\nu_0\exp\left(-\dfrac{U}{kT}\right)}{2\pi^2\eta^2}} \cdot\right.$$

$$\int_0^t \frac{1}{\sqrt{t}} \cdot \exp\left\{-\frac{\left[\dfrac{G_{Ic}E}{\pi(1-\nu^2)\sigma^2} - c_0 - \nu_0 tL\exp\left(-\dfrac{U-\alpha_V\sigma}{kT}\right)\right]^2}{2\eta^2\nu_0 tL^2\exp\left(-\dfrac{U-2\alpha_V\sigma}{kT}\right)}\right\}dt\left.\right\} \cdot$$

$$\exp\left\{-\frac{\left[\dfrac{G_{Ic}E}{\pi(1-\nu^2)\sigma^2} - c_0 - \nu_0 tL\exp\left(-\dfrac{U-\alpha_V\sigma}{kT}\right)\right]^2}{2\eta^2\nu_0 tL^2\exp\left(-\dfrac{U-2\alpha_V\sigma}{kT}\right)}\right\}dt \quad (10.5.15A)$$

$$W_f(t)dt = \frac{\partial P_f(t)}{\partial t}dt \approx M_1 \exp\left[-M_1 \int_0^t P(t,\sigma)dt\right] P(t,\sigma)dt$$

$$\approx MV\sqrt{\frac{\nu_0 \exp\left(-\frac{U}{kT}\right)}{2\pi^2\eta^2 t}} \exp\left\{-MV\sqrt{\frac{\nu_0 \exp\left(-\frac{U}{kT}\right)}{2\pi^2\eta^2}} \cdot \right.$$

$$\int_0^t \frac{1}{\sqrt{t}} \cdot \exp\left\{-\frac{\left[\frac{kT}{\alpha_A \sigma L}\left[\exp\left(-\frac{\alpha_A c_0 \sigma}{kT}\right) - \exp\left(-\frac{\alpha_A G_{Ic} E}{\pi(1-\nu^2)kT\sigma}\right)\right] - \nu_0 t \exp\left(-\frac{U}{kT}\right)\right]^2}{2\eta^2 \nu_0 t \exp\left(-\frac{U}{kT}\right)}\right\} dt \cdot$$

$$\exp\left\{-\frac{\left[\frac{kT}{\alpha_A \sigma L}\left[\exp\left(-\frac{\alpha_A c_0 \sigma}{kT}\right) - \exp\left(-\frac{\alpha_A G_{Ic} E}{\pi(1-\nu^2)kT\sigma}\right)\right] - \nu_0 t \exp\left(-\frac{U}{kT}\right)\right]^2}{2\eta^2 \nu_0 t \exp\left(-\frac{U}{kT}\right)}\right\} dt$$

(10.5.15B)

由式（10.5.14A）～（10.5.15B）可见，强度和寿命的统计分布函数同样是随外应力 σ、温度 T、时间 t 及材料特征量 U，$\alpha_V(\alpha_A)$，G_{Ic}，E 和 V 等决定的。

类似 10.4 节中关于延时断裂的近似处理，可将材料热激活断裂寿命的统计分布函数进一步近似简化为式（10.4.39），即热激活断裂寿命也近似地遵守 Weibull 统计规律。平均断裂寿命也可近似表示为 Журков 经验公式 $\tau \approx \tau_0 \exp\left(\frac{U-\gamma\sigma}{kT}\right)$，其中，$\tau_0 = 1/\nu_0$ 为原子在固体中的本征振动周期，$\gamma\sigma$ 的表达式为

$$\gamma\sigma \approx \alpha_V \sigma + kT \ln\left[\frac{2\eta^2}{3}\left[\frac{\pi(1-\nu^2)\sigma^2 L}{G_{Ic}E}\right]^2 \left(\frac{MV}{10^{-10}\pi^2\eta^2}\right)^{1/15}\right] \quad (10.5.16A)$$

$$\gamma\sigma \approx \alpha_A c_0 \sigma + kT \ln\left[\frac{2\eta^2}{3}\left[\frac{\alpha_A \sigma L}{kT}\right]^2 \left(\frac{MV}{10^{-10}\pi\eta^2}\right)^{1/15}\right] \quad (10.5.16B)$$

由式（10.5.16A）和式（10.5.16B）可知，γ 是材料特征量 $\alpha_V(\alpha_A)$，G_{Ic}，E 的函数，是结构敏感量，而且 γ 具有微弱的尺寸效应，随试样体积 V 的增大而极缓慢地增大。

本节理论结果都与实验结果定性相符，需着重指出的是，像这样从理论上较严格地导出断裂寿命的 Журков 经验公式并包含上述广泛结果尚属首次。至于其随各物理量的变化函数形式在多大程度上是正确的，有待进一步的实验验证。

10.6 陶瓷断裂非平衡统计理论

随着结构陶瓷实际应用的需要，其延时断裂和力学可靠性的理论日益受到重视。

如何从微裂纹演化的微观机理出发，从理论上统一导出陶瓷延时断裂和力学可靠性的所有微观和宏观相结合的基本规律，并以一组基本物理量表示？这显然是为实现结构陶瓷的强度和寿命设计所必须解决的一个重要理论课题。本章前半部分用非平衡统计的概念和方法研究了金属的脆性断裂、疲劳断裂，并进行了系统的理论概括。这种理论的特点是突出了微裂纹动力学、塑性形变、统计性、以及微观机理与宏观特性相结合这四者的有机联系。本节在此基础上试图建立一个能概括所有基本规律的陶瓷断裂非平衡统计理论。

1. 物理图像

实验显示，在外加拉应力作用下，结构陶瓷内部的微观结构总在不断变化，其内部和表面的微裂纹也总在不断演化。所有这些变化和演化，都是不可逆的，直至其断裂为止。

实验指出，结构陶瓷的断裂实际上是由微裂纹的演化决定的。在断裂前期，很多微裂纹在慢速成核长大，而在断裂后期，则由某个主裂纹快速传播导致陶瓷最后断裂。

实验证实，当温度较低时，结构陶瓷内的微裂纹演化的微观机理既非由位错滑移也非由原子扩散引起，而可能是由某种原子键破裂机理引起的，人们目前对这种机理尚不清楚。

实验证明，由于微观成分、缺陷和结构的不均匀性，结构陶瓷的宏观力学量，如强度、寿命等总是对结构敏感且有规律分散的，从而显示了统计规律的重要性。

基于上述事实，可以认同如下几点。

（1）结构陶瓷的延时断裂过程是一个非平衡的不可逆的动力学过程，而其实质则是外加拉应力作用下的微裂纹成核、长大和传播过程。

（2）整个断裂过程由两个阶段组成，即大量微裂纹的成核长大过程和单个主裂纹的传播过程。

（3）微裂纹长大的微观机理目前尚不明确，但可能是某种原子键破裂机理。

（4）微裂纹演化过程所遵循的规律是统计性的而且是非确定性的，因此整个结构陶瓷的断裂规律也是统计性的。

这就是结构陶瓷延时断裂的物理图像，以下的讨论都是围绕该图像进行的。

2. 微裂纹长大速率

在外加拉应力作用下，结构陶瓷内部或表面的微裂纹不断长大，由于实际材料的微观成分、缺陷及相结构的不均匀性，材料的微观结构可视为平均结构背景叠加了这种不均匀性涨落，其中平均结构是确定性的，不均匀性涨落是随机性的。微裂纹在长大过程中，其长大速率因这种不均匀性涨落的随机存在而与其所经途径密切相关，其速率随机变化，时大时小。正因如此，可将微裂纹在材料内的长大过程视为一个随机过程，或称为非平衡统计过程。描述这种随机长大过程的是前面引入的福克-普朗克方程，即式（10.1.5），其中，$K(c) = A\beta(c)$。

一个真正的微观机理与宏观特性相结合的陶瓷断裂统计理论，应建立于微裂纹长大的微观机理基础上。困难的是，陶瓷内微裂纹长大的微观机理目前并不清楚，因此难以推导出正确的微裂纹长大速率理论公式。为此，利用下述微裂纹慢速长大速率的经验公式

$$\dot{c} = A_0 K_1^n = A c^{n/2} = A c^{n_1} \tag{10.6.1}$$

式中，$K_1 = Y\sigma c^{1/2}$ 为应力强度因子，σ 为外加拉应力，Y 为几何因子；A_0 和 n 为结构陶瓷的材料参数。

比较式（10.4.1）和式（10.6.1）可得

$$\begin{cases} A = A_0 Y^n \sigma^n \\ \beta = c^{n/2} \\ D \approx \eta^2 A \tau \\ \eta^2 = \dfrac{<\Delta A_0^2>}{A_0^2} + <\Delta n^2>(\ln Y\sigma)^2 \end{cases} \tag{10.6.2}$$

式中，τ 为微裂纹的本征寿命，即可近似视为平均断裂寿命。

3. 微裂纹分布函数

接下来求微裂纹分布函数。由式（10.1.5）和式（10.6.2）可解得微裂纹的概率密度函数为

$$P(c_0, c; t)\mathrm{d}c = \left(\frac{2}{\pi D t c^{2n}}\right)^{1/2} \exp\left\{-\frac{\left[\dfrac{1}{n-1}\left(\dfrac{1}{c_0^{n-1}} - \dfrac{1}{c^{n-1}}\right) - At\right]^2}{2Dt}\right\}\mathrm{d}c \tag{10.6.3}$$

显然，它满足归一化条件 $\int_{c_0}^{\infty} P(c_0, c; t)\mathrm{d}c = 1$、起始条件 $P(c_0, c; t=0) = \delta(c - c_0)$ 和边界条件 $P(c_0, c \to \infty; t) = 0$。

若把式（10.6.3）视为微裂纹空间的概率密度函数，则微裂纹时间的概率密度函数应为

$$P(t,c)\mathrm{d}t = \frac{P(c_0,c;t)\mathrm{d}t}{\int_0^\infty P(c_0,c;t)\mathrm{d}t}$$

$$= \left(\frac{2A^2}{\pi Dt}\right)^{1/2} \exp\left\{-\frac{\left[\frac{1}{n-1}\left(\frac{1}{c_0^{n-1}}-\frac{1}{c^{n-1}}\right)-At\right]^2}{2Dt}\right\}\mathrm{d}t \quad (10.6.4)$$

由式（10.6.4）可见，$P(t=0,c)=\delta(c-c_0)$，$P(t\to\infty,c)=0$，前者表示微裂纹长大的起始条件，后者表示在断裂过程中任何长度为 c 的微裂纹都不能存在无限长的时间，换言之，陶瓷材料的断裂寿命总是有限的。

4. 主裂纹分布函数

如前面曾指出的，整个陶瓷延时断裂过程可视为由两个阶段组成的，即大量微裂纹的成核长大过程和单个主裂纹的传播过程；前者是低速的，后者是高速的。现在来讨论直接引起断裂的主裂纹传播。由于陶瓷是脆性断裂，其传播条件应由如下的 Griffith 公式决定，即

$$c_k = \frac{\gamma E}{\pi(1-\nu^2)\sigma^2} \quad (10.6.5)$$

式中，E 为杨氏模量；ν 为泊松比；γ 为表面能。

根据概率论，若 $P(\sigma,t)\mathrm{d}\sigma$ 为外应力作用 t 时一个裂纹在应力 σ 和 $\sigma+\mathrm{d}\sigma$ 间传播的概率，则应有 $P(\sigma,t)\mathrm{d}\sigma = P(c_0,c;t)|\mathrm{d}c|$，将式（10.6.3）和式（10.6.5）代入此式，则得

$$P(\sigma,t)\mathrm{d}\sigma = \left(\frac{2}{\pi Dt}\right)^{1/2}\left[\frac{\pi(1-\nu^2)}{\gamma E}\right]^{n-1}\sigma^{2n-1}\cdot$$

$$\exp\left\{-\frac{\left[\frac{1}{n-1}\left[\frac{1}{c_0^{n-1}}-\left(\frac{\pi(1-\nu^2)\sigma^2}{\gamma E}\right)^{n-1}\right]-At\right]^2}{2Dt}\right\}\mathrm{d}\sigma \quad (10.6.6)$$

将式（10.6.5）代入式（10.6.4），则得在外应力 σ 作用下一个裂纹于时间 t 和 $t+\mathrm{d}t$ 间发生传播的概率为

$$P(t,\sigma)\mathrm{d}t = \left(\frac{2A^2}{\pi Dt}\right)^{1/2}\cdot\exp\left\{-\frac{\left[\frac{1}{n-1}\left[\frac{1}{c_0^{n-1}}-\left(\frac{\pi(1-\nu^2)\sigma^2}{\gamma E}\right)^{n-1}\right]-At\right]^2}{2Dt}\right\}\mathrm{d}t \quad (10.6.7)$$

显然，$P(\sigma,t)\mathrm{d}\sigma$ 和 $P(t,\sigma)\mathrm{d}t$ 都满足归一化条件，即 $\int_0^\infty P(\sigma,t)\mathrm{d}\sigma = 1$ 和 $\int_0^\infty P(t,\sigma)\mathrm{d}t = 1$。

当陶瓷试样中存在 $M = VN$（其中，V 为试样体积，N 为单位体积内的裂纹数）个能传播的裂纹时，根据导致断裂的最弱链模型（最小强度原理），则陶瓷经延时应力作用 t 时于应力 0 和 σ 间发生断裂的概率为

$$P_f(\sigma) \approx 1 - \exp\left[-M\int_0^\sigma P(\sigma,t)\mathrm{d}\sigma\right] = 1 - \exp\left\{-NV\left(\frac{2}{\pi Dt}\right)^{1/2}\left[\frac{\pi(1-\nu^2)}{\gamma E}\right]^{n-1}\cdot\right.$$

$$\left.\int_0^\sigma \sigma^{2n-1}\cdot\exp\left\{-\frac{\left[\frac{1}{n-1}\left[\frac{1}{c_0^{n-1}} - \left(\frac{\pi(1-\nu^2)\sigma^2}{\gamma E}\right)^{n-1}\right] - At\right]^2}{2Dt}\right\}\mathrm{d}\sigma\right\} \quad (10.6.8)$$

同样，陶瓷在延时应力 σ 的作用下于 0 和 t 时间内发生断裂的概率为

$$P_f(t) \approx 1 - \exp\left[-M\int_0^t P(t,\sigma)\mathrm{d}t\right] = 1 - \exp\left\{-NV\left(\frac{2A^2}{\pi Dt}\right)^{1/2}\cdot\right.$$

$$\left.\int_0^t \frac{1}{\sqrt{t}}\cdot\exp\left\{-\frac{\left[\frac{1}{n-1}\left[\frac{1}{c_0^{n-1}} - \left(\frac{\pi(1-\nu^2)\sigma^2}{\gamma E}\right)^{n-1}\right] - At\right]^2}{2Dt}\right\}\mathrm{d}t\right\} \quad (10.6.9)$$

由式（10.6.8）和式（10.6.9）可见，断裂概率 $P_f(\sigma)$ 和 $P_f(t)$ 是由外应力 σ、时间 t 和材料特征量 A，n，D，E 及 V 等决定的。

5. 可靠性

接下来讨论结构陶瓷在外应力作用下的可靠性。由于存在着应力和时间两种断裂概率，故也可引入应力可靠性 $R(\sigma)$ 和时间可靠性 $R(t)$。根据可靠性定义及式（10.6.8）和式（10.6.9），应有

$$R(\sigma) = 1 - P_f(\sigma) \approx \exp\left[-M\int_0^\sigma P(\sigma,t)\mathrm{d}\sigma\right]$$

$$= \exp\left\{-NV\left(\frac{2}{\pi Dt}\right)^{1/2}\left[\frac{\pi(1-\nu^2)}{\gamma E}\right]^{n-1}\cdot\right.$$

$$\left.\int_0^\sigma \sigma^{2n-1}\cdot\exp\left\{-\frac{\left[\frac{1}{n-1}\left[\frac{1}{c_0^{n-1}} - \left(\frac{\pi(1-\nu^2)\sigma^2}{\gamma E}\right)^{n-1}\right] - At\right]^2}{2Dt}\right\}\mathrm{d}\sigma\right\} \quad (10.6.10)$$

$$R(t) = 1 - P_f(t) \approx \exp\left[-M\int_0^t P(t,\sigma)\mathrm{d}t\right] = \exp\left\{-NV\left(\frac{2A^2}{\pi Dt}\right)^{1/2}\cdot\right.$$

$$\left.\int_0^t \frac{1}{\sqrt{t}}\cdot\exp\left\{-\frac{\left[\frac{1}{n-1}\left[\frac{1}{c_0^{n-1}} - \left(\frac{\pi(1-\nu^2)\sigma^2}{\gamma E}\right)^{n-1}\right] - At\right]^2}{2Dt}\right\}\mathrm{d}t\right\} \quad (10.6.11)$$

为了给出可靠性的解析表达式，需将式（10.6.10）和式（10.6.11）作进一步近似简化。

先求式（10.6.10）的近似表达式，由式（10.6.6）得

$$\int_0^\sigma P(\sigma,t)\mathrm{d}\sigma \approx \frac{1}{\sqrt{\pi}}\int_x^\infty \exp(-x^2)\mathrm{d}x \approx \frac{1}{\theta x^{16}} \tag{10.6.12}$$

式中

$$x = \frac{\varphi - At}{\sqrt{2Dt}}, \quad \varphi = \int_{c_0}^c \frac{\mathrm{d}c}{\beta} \approx \frac{1}{\theta x^{16}} \tag{10.6.13}$$

式（10.6.12）后一个近似成立的条件为 $x \geq 2.5$，$\theta = 2 \times 10^{-3}$。

将式（10.6.12）和式（10.6.13）代入式（10.6.10），得应力可靠性的近似表达式为

$$R(\sigma) \approx \exp\left\{-\frac{NV}{\theta}\left[(n-1)\eta\sqrt{2\pi t}c_0^{n-1}A_0Y^{2n}\sigma^{2n}\right]^{16}\right\} \tag{10.6.14}$$

利用后面的平均断裂强度 $\bar{\sigma}_f$ 的近似表达式（见式（10.6.26），其具体推导过程见后文），应力可靠性公式（10.6.14）可写为

$$R(\sigma) \approx \exp\left\{-\left[\Gamma\left(\frac{32n+1}{32n}\right)\frac{\sigma}{\bar{\sigma}_f}\right]^{32n}\right\} \tag{10.6.15}$$

式中，Γ 为伽马函数。

再求式（10.6.11）的近似表达式，由式（10.6.7）得

$$\int_0^t P(t,\sigma)\mathrm{d}t \approx \frac{2A\varphi}{\sqrt{\pi}D\theta_1 x^{30}} \tag{10.6.16}$$

式中，$\theta_1 = 10^{-10}$。将式（10.6.16）代入式（10.6.11），得时间可靠性的近似表达式为

$$R(t) \approx \exp\left\{-\frac{2^{15}NV\eta^{28}\left[(n-1)c_0^{n-1}A_0Y^{2n}\sigma^{2n}\right]^{29}\tau^{14}t^{15}}{\sqrt{2\pi}\theta_1}\right\} \tag{10.6.17}$$

利用后面的平均断裂寿命 τ 的近似表达式（见式（10.6.27），其具体推导过程见后文），时间可靠性的近似表达式（见式（10.6.17））可写为

$$R(t) \approx \exp\left\{-\left[\Gamma\left(\frac{16}{15}\right)\frac{t}{\tau}\right]^{15}\right\} \tag{10.6.18}$$

关于结构陶瓷的可靠性，过去文献虽常有讨论，但理论公式却很少，因此本节有关陶瓷可靠性的讨论，只能视为一种理论探索。

6. 强度和寿命的分布函数

由于微观结构（包括成分和缺陷）的不均匀性，即使宏观成分、工艺条件、几何形状和尺寸相同，各个陶瓷试样的断裂强度和断裂寿命也是互不相同的，但它们遵守着确定的统计分布规律。强度统计分布函数 $W_f(\sigma)\mathrm{d}\sigma$ 和断裂寿命统计分布函数 $W_f(t)$

dt 就是分别描述强度和断裂寿命这种统计分布规律的。

由式（10.6.6）和式（10.6.8），得强度统计分布函数的表达式为

$$W_f(\sigma)d\sigma = \frac{\partial P_f(\sigma)}{\partial \sigma}d\sigma \approx M\exp\left[-M\int_0^\sigma P(\sigma,t)d\sigma\right]P(\sigma,t)d\sigma$$

$$= NV\left(\frac{2}{\pi Dt}\right)^{1/2}\left[\frac{\pi(1-\nu^2)}{\gamma E}\right]^{n-1} \cdot \sigma^{2n-1}\exp\left\{-NV\left(\frac{2}{\pi Dt}\right)^{1/2}\left[\frac{\pi(1-\nu^2)}{\gamma E}\right]^{n-1} \cdot \right.$$

$$\int_0^\sigma \sigma^{2n-1} \cdot \exp\left\{-\frac{\left[\frac{1}{n-1}\left[\frac{1}{c_0^{n-1}}-\left(\frac{\pi(1-\nu^2)\sigma^2}{\gamma E}\right)^{n-1}\right]-At\right]^2}{2Dt}\right\}d\sigma\right\} \cdot$$

$$\exp\left\{-\frac{\left[\frac{1}{n-1}\left[\frac{1}{c_0^{n-1}}-\left(\frac{\pi(1-\nu^2)\sigma^2}{\gamma E}\right)^{n-1}\right]-At\right]^2}{2Dt}\right\}d\sigma \quad (10.6.19)$$

利用应力可靠性近似表达式（见式（10.6.15）），强度统计分布函数可进一步近似简化为

$$W_f(\sigma)d\sigma \approx 32n\frac{\sigma^{32n-1}}{\bar{\sigma}^{32n}}\exp\left[-\left(\frac{\sigma}{\bar{\sigma}_f}\right)^{32n}\right]d\sigma \quad (10.6.20)$$

在得到式（10.6.20）时，考虑到 $32n \gg 1$，取 $\Gamma\left(\frac{32n+1}{32n}\right) \approx 1$，式（10.6.20）正是已知的 Weibull 统计分布，即陶瓷断裂强度统计分布函数的更粗糙的近似表达式可简化为 Weibull 分布。这里应该指出，与过去文献假定陶瓷断裂强度遵守 Weibull 分布相比，本节的式（10.6.19）和式（10.6.20）是从理论上推导出的，式（10.6.20）的 Weibull 分布是式（10.6.19）的进一步近似结果，其中的常数 n 和 $\bar{\sigma}_f$ 是有明确物理意义的。

由式（10.6.7）和式（10.6.9），得断裂寿命统计分布函数的表达式为

$$W_f(t)dt = \frac{\partial P_f(t)}{\partial t}dt \approx M\exp\left[-M\int_0^t P(t,\sigma)dt\right]P(t,\sigma)dt$$

$$= NV\left(\frac{2A^2}{\pi Dt}\right)^{1/2}\exp\left\{-NV\left(\frac{2A^2}{\pi D}\right)^{1/2} \cdot \right.$$

$$\int_0^t \frac{1}{\sqrt{t}} \cdot \exp\left\{-\frac{\left[\frac{1}{n-1}\left[\frac{1}{c_0^{n-1}}-\left(\frac{\pi(1-\nu^2)\sigma^2}{\gamma E}\right)^{n-1}\right]-At\right]^2}{2Dt}\right\}dt\right\} \cdot$$

$$\exp\left\{-\frac{\left[\frac{1}{n-1}\left[\frac{1}{c_0^{n-1}}-\left(\frac{\pi(1-\nu^2)\sigma^2}{\gamma E}\right)^{n-1}\right]-At\right]^2}{2Dt}\right\}dt \quad (10.6.21)$$

利用时间可靠性的近似表达式（见式（10.6.18）），断裂寿命统计分布函数可进一步近似简化为式（10.4.39）。这正是 Weibull 统计分布，即陶瓷断裂寿命也近似遵守 Weibull 统计规律。应该指出，陶瓷断裂寿命的统计分布规律，迄今很少有理论和实验结果，因而本部分所得的陶瓷断裂寿命统计分布函数式（10.6.21）和式（10.4.39）只能视为一种理论预言，其正确性有待实验检验。

7. 平均断裂强度和平均断裂寿命

如上所述，由于陶瓷微观结构的不均匀性，试样的断裂强度和平均断裂寿命是遵守确定的统计分布规律的。

平均断裂强度为

$$\bar{\sigma}_f = \int_0^\infty \sigma W_f(\sigma) \mathrm{d}\sigma = \int_0^\infty \sigma \mathrm{d}P_f(\sigma) \tag{10.6.22}$$

将式（10.6.8）代入式（10.6.22）并作部分积分得

$$\bar{\sigma}_f \approx \int_0^\infty \exp\left[-NV\int_0^\infty P(\sigma,t)\mathrm{d}\sigma\right]\mathrm{d}\sigma = \int_0^\infty R(\sigma)\mathrm{d}\sigma \tag{10.6.23}$$

将式（10.6.10）代入式（10.6.23），则可得陶瓷平均断裂强度的表达式，由于式（10.6.23）无解析结果，将式（10.6.14）代入式（10.6.23），则得平均断裂强度的近似表达式为

$$\bar{\sigma}_f \approx \frac{1}{\left[(n-1)\eta\sqrt{2}\tau c_0^{n-1}A_0\right]^{1/2n} Y}\left(\frac{\theta}{NV}\right)^{1/32n_1} \tag{10.6.24}$$

平均断裂寿命为

$$\tau = \int_0^\infty t W_f(t)\mathrm{d}t = \int_0^\infty t\mathrm{d}P_f(t) \tag{10.6.25}$$

将式（10.6.9）代入式（10.6.25）并作部分积分得

$$\tau \approx \int_0^\infty \exp\left[-NV\int_0^\infty P(t,\sigma)\mathrm{d}t\right]\mathrm{d}t = \int_0^\infty R(t)\mathrm{d}t \tag{10.6.26}$$

将式（10.6.11）代入式（10.6.26），则可得陶瓷平均断裂寿命的表达式。由于式（10.6.26）无解析结果，将式（10.6.17）代入式（10.6.26），则得平均断裂寿命的近似表达式为

$$\tau \approx \frac{[2\Gamma(16/15)]^{1/2}}{\eta(2n-2)A_0 Y^{2n} c_0^{n-1}\sigma^{2n}}\left(\frac{\theta}{NV}\right)^{1/29} \tag{10.6.27}$$

式（10.6.24）和式（10.6.27）就是所得的平均断裂强度和平均断裂寿命公式，它们随材料特征量 n、微裂纹起始长度 c_0 和试样体积 V 而变化。

由式（10.6.24）和式（10.6.27）可见，对于确定的陶瓷试样，$\tau \bar{\sigma}_f^{2n}$ 为常数。断裂寿命随强度增加而急速降低，这已被实验证实，只是未得出经验公式。对于延时断裂，$\tau \sim \sigma_f^{-2n}$，这与过去文献的研究结果相同。由于 $\tau \sim \sigma_f^{-2n}$，故由式（10.6.20）表示的断裂强度的 Weibull 分布，其形状（即高度和宽度等）是随寿命变化的，这是过去文献未能得到的。

断裂强度和断裂寿命随体积 V 增大而缓慢降低的尺寸效应，过去虽有文献肯定，但无定量的结果，本节得出了尺寸效应的函数变化关系。

10.7 材料退化失效的非平衡统计特性

材料的退化失效是指材料在一定外界环境作用下，随着时间的流逝，某些结构和性能逐渐恶化，最终导致失效。这方面的例子很多，其中影响较大的课题包括疲劳（包括腐蚀疲劳）、延时（持久）断裂、腐蚀、磨损、辐照损伤、电介质击穿（本书未涉及塑料老化这一重要课题）等。这些课题涉及面很广，过去已有大量的实验和理论研究成果。本节既不打算对这些课题进行逐一详述，也不对已有研究进行评述，而是试图用非平衡统计的概念和方法，从微观上对它们的共同特点进行分析，并对其中个别课题给出具体结果。本节用非平衡统计的概念和方法，从微观结构出发，分析材料退化失效的共性，这在过去的有关理论研究中是不多见的。

1. 现象概况

材料力学性能的退化失效主要是指材料在外应力作用下所发生的塑性形变、疲劳断裂和持久（延时）断裂。变形和断裂实际上是同一过程的不同阶段，变形是断裂的基础，断裂是变形发展的结果（对金属而言）。若不考虑微观机理的差异，各种断裂过程都可归结为材料内部大量大小不等的微裂纹不断产生、扩展和传播的结果。前文已在试图建立断裂的非平衡统计理论，而进一步的问题是，能否从位错的集体运动、相互作用、产生和消失过程出发，来构建一个包括塑性形变和各种断裂的微观机理与宏观特性相结合的统一理论？显然，这是一个值得物理力学研究者探索的艰巨课题。

材料的腐蚀是由于材料表面受环境影响引发的一种退化失效。虽然腐蚀的形态很多，但总体上可分为均匀腐蚀和不均匀腐蚀两大类。尽管均匀腐蚀也可导致材料的退化失效，但对工业材料危害最大的是应力腐蚀、晶间腐蚀、孔蚀等不均匀腐蚀。目前，应力腐蚀和晶间腐蚀可归结为化学介质促进微裂纹的产生和扩展，最终导致材料破坏的过程。如何从微观机理出发，建立起这类非均匀腐蚀的动力学理论，是腐蚀断裂科学中有待解决的一个中心课题。

材料的磨损是材料表面在和另一个材料表面摩擦过程中所引起的表面层破坏，其实质是在另一表面的应力作用下不断产生塑性形变和微裂纹，直至产生磨屑的过程。从学科的角度来看，磨损是一种复杂的表面物理力学问题。根据疲劳磨损和分层磨损的观点，磨损可归结为表面微裂纹成核、扩展进而形成碎片的过程。如何从材料的微观缺陷机理出发，建立严格的定量宏观磨损理论，是磨损学科中有待解决的相对困难的课题。

辐照损伤是高能粒子辐照引发的高能粒子与晶格原子碰撞，导致材料内部产生各种缺陷，从而引起宏观性能的劣化，如韧性降低、脆性转变温度升高、膨胀等。对于这些宏观变化，缺陷团（如空位团和位错环等）比点缺陷起着更为决定性的作用。如何统一描述各种辐照缺陷的产生和演化过程，并尽可能减少辐照损伤，这不仅是理论研究的重点，更是快堆和聚变堆工程高度关注的重要课题。

电介质击穿是绝缘材料经外电场作用而引起的一种退化失效过程。从微观机理来看，电击穿是电离碰撞的结果；但从宏观表现来看，电击穿的统计特性与断裂的统计特性极为相似。这种统计特性的一种合理解释是实际材料电离碰撞的不均匀性。如何由此出发来建立微观电离碰撞机理和宏观统计特性相结合的电击穿理论，是亟待解决的一个复杂课题。

2. 基本概念

通过上述的概括分析不难看出，关于材料的退化失效，有如下共同的基本概念。

材料的退化失效是材料在使用过程中受外界环境作用的结果，从物理观点看，就是材料作为一个开放系统，受外界物质和能量作用的结果。所研究材料性能的不同以及环境物质能量作用方式和形态的差别，导致了各种具体的退化失效过程。因此可以说，作为开放系统的材料正是在外界物质和能量的作用过程中逐渐发生了退化失效。

材料在受外界物质和能量作用过程中，其内部（或表层）微观结构不断演化，宏观性能甚至外形也在不断变化。所有这些演化和变化都是不可逆的。因此可以说，材料在退化失效过程中一直处在非平衡的不可逆状态，直至其完全失效为止。

作为开放系统的、处于非平衡态的材料在退化过程中，其内部微观结构的演化虽然是渐变的、慢速的，但并不形成稳定的有序态，而是一直处于亚稳态或非稳态，其无序度不断增大，这与普里戈京的耗散结构或哈肯的协同态是不相同的。

由于实际材料内部微观成分、缺陷、显微组织的不均匀性，导致与退化密切相关的各种宏观性能，如强度、韧性、寿命、击穿电压等，总是对结构敏感且有规律分散的，从而显示出退化过程所遵守的规律是统计性的而非确定性的。

总之，材料的退化失效是受外界物质和能量作用的结果。在作用过程中，作为开放系统的材料，一直处于非平衡态，其内部微观结构不断进行不可逆的演化，直至其完全失效为止。这种演化过程所遵守的规律是统计性的，而非确定性的，因此整个退化失效的规律也是统计性的。

3. 演化动力学方程

如上所述，材料的退化失效是其内部微观结构不可逆演化的结果，若不讨论由均匀腐蚀引起的退化失效，则微观结构演化的实质可归结为某种缺陷团演化的结果。在断裂、疲劳、不均匀腐蚀及磨损中，这种缺陷团是微裂纹或微孔洞；在辐照损伤中，则主要是空位团或位错环；而在电介质击穿中，则主要是微区的电离度。描述这种缺陷团的演化动力学方程，也就是材料退化的演化动力学方程。由于实际材料内部的微观成分、缺陷及相结构的不均匀性，其微观结构可看作平均结构背景上叠加了这种不均匀性的涨落，其中平均结构是确定性的，不均匀性涨落是随机性的。缺陷团的扩展速率将因这种不均匀性的随机涨落而随机变化，时大时小。正因如此，可将退化失效过程视为随机过程，又称非平衡统计过程。

接下来给出演化动力学方程。设 t 为外界作用的时间，x 为 t 时缺陷团的尺寸（或微区的电离度），$\dot{x}$ 为 t 时缺陷团的扩展速率（或是微区的电离速率），则 $\dot{x}$ 应遵守下述广义朗之万方程，即

$$\dot{x} = K(x) + \beta(x)f(t) \quad (10.7.1)$$

式中，$f(t)$ 满足

$$\begin{cases} <f(t)> = 0 \\ <f(t)f(t')> = D\delta(t-t') \end{cases} \quad (10.7.2)$$

式中，D 为涨落长大系数；$\delta(t-t')$ 为狄拉克函数；$K(x)$ 由材料的平均结构和外界共同决定；$\beta(x)f(t)$ 则由材料的不均匀性涨落和外界作用共同决定。根据随机理论，与式（10.7.1）和式（10.7.2）等价的广义福克－普朗克方程为

$$\frac{\partial P(x,t)}{\partial t} = -\frac{\partial}{\partial x}\left[\left(K(x) + \frac{D}{2}\beta(x)\frac{\partial \beta(x)}{\partial x}\right)P(x,t)\right] + \frac{D}{2}\frac{\partial^2}{\partial x^2}[\beta^2(x)P(x,t)] \quad (10.7.3)$$

若缺陷团数目很多，它们在材料内不断成核和扩展，则式（10.7.3）应为

$$\frac{\partial P(x,t)}{\partial t} = -\frac{\partial}{\partial x}\left[\left(K(x) + \frac{D}{2}\beta(x)\frac{\partial \beta(x)}{\partial x}\right)P(x,t)\right] +$$

$$\frac{D}{2}\frac{\partial^2}{\partial x^2}[\beta^2(x)P(x,t)] + \frac{\delta(x-x_0) - P(x,t)}{M(t)}q(t) \quad (10.7.4)$$

式中，概率密度分布函数 $P(x,t)\mathrm{d}x$ 表示 t 时在所有缺陷团中找到尺寸在 x 和 $x+\mathrm{d}x$ 间的缺陷团的概率；$M(t)$ 为 t 时缺陷团的总密度数；$q(t)$ 为缺陷团的成核率。

$$P(x,t)\mathrm{d}x = M(x,t)\mathrm{d}x/M(t) \quad (10.7.5)$$

显然，$P(x,t)\mathrm{d}x$ 应满足归一化条件

$$\int_{x_0}^{\infty} P(x,t)\mathrm{d}x = 1 \quad (10.7.6)$$

式中，x_0 为缺陷团成核的尺寸；$M(x,t)\mathrm{d}x$ 为尺寸在 x 和 $x+\mathrm{d}x$ 间的缺陷团的密度数，且有

$$\int_{x_0}^{\infty} M(x,t)\mathrm{d}x = M(t), \quad q(t) = \mathrm{d}M(t)/\mathrm{d}t \quad (10.7.7)$$

当 $M(t)=1$，即仅有一个缺陷团时，$q(t)=0$，式（10.7.4）与式（10.7.3）相等。式（10.7.3）和式（10.7.4）就是求得的缺陷团的演化动力学方程。

当已知 $K(x)$，D 和 $q(t)$ 时，就可由式（10.7.3）或式（10.7.4）解出 $P(x,t)$。怎样才得知 $K(x)$，D 和 $q(t)$？这就要根据缺陷团的微观机理和外界作用条件来进行理论计算。对于不同性质的缺陷团及不同性质的外界作用条件，$K(x)$，D 和 $q(t)$ 的函数形式及其所依赖的参数不同。由此可见，如何根据失效机理和环境条件从演化动力学方程解出概率密度分布函数 $P(x,t)$，将是退化失效微观理论中一个带有普遍性的关键问题。

4. 失效概率和平均寿命

如上所述，材料退化的主要标志是其内部缺陷团的扩展，当它扩展到某个临界值时，材料就可能失效。材料内部这种缺陷团不是一个，而是 $M_1(t) = M(t)V$ 个，任何一个缺陷团达到临界值 x_c 时，材料都可能失效。由此可得，由于退化而导致材料在 0 和 t 间的失效概率为

$$P_f(t) = 1 - \left[1 - \int_0^t P(x_c,t)\mathrm{d}t\right]^{M_1} \approx 1 - \exp\left[-M_1\int_0^t P(x_c,t)\mathrm{d}t\right] \quad (10.7.8)$$

材料在 0 和 t 间不因退化导致失效的概率，即材料的可靠性为

$$R(t) = 1 - P_f(t) \approx \exp\left[-M_1\int_0^t P(x_c,t)\mathrm{d}t\right] \quad (10.7.9)$$

材料在 t 和 $t+\mathrm{d}t$ 间的失效概率密度为

$$W_f(t)dt = \frac{\partial P_f(t)}{\partial t}dt \approx M_1 \exp\left[-M_1\int_0^t P(x_c,t)dt\right]P(x_c,t)dt \quad (10.7.10)$$

材料的失效率为

$$\lambda(t) = -\frac{1}{R(t)}\frac{dR(t)}{dt} = \frac{W_f(t)}{R(t)} \quad (10.7.11)$$

材料的平均寿命为

$$\bar{\tau} = \int_0^\infty tW_f(t)dt = \int_0^\infty R(t)dt \quad (10.7.12)$$

接下来以疲劳断裂为例来给出材料的失效概率、可靠性、失效概率密度、失效率及平均寿命。因疲劳寿命通常都是以循环周数来表示的，故在下面的讨论中，以周数 N 代替上列各式中的时间 t。根据计算，可求得材料在 0 到 N 周间的失效概率为

$$P_f(N) \approx 1 - \exp\left\{-M(N)V\int_0^N \frac{\left[\beta + \frac{1}{2N'}\left(\ln\frac{G_{Ic}E}{\pi(1-\nu^2)c_0\sigma_a^2} - BN'\right)\right]}{\sqrt{2\pi DN'}}\right.$$

$$\left. \cdot \exp\left[-\frac{\left(\ln\frac{G_{Ic}E}{\pi(1-\nu^2)c_0\sigma_a^2} - BN'\right)^2}{2DN'}\right]dN'\right\} \quad (10.7.13)$$

式中

$$B = \frac{\sigma_a^{(1+\frac{1}{\beta})}(\Delta K)^2}{2N_0 L^2 G_{Ic}\sigma_0^{1/\beta}}, D = 2\eta B \quad (10.7.14)$$

其中，N_0 为活动位错源密度；L 为滑移面长度；ν 为泊松比；σ_0 为交变强度系数；β 为交变硬化指数；η 为涨落率；c_0 为微裂纹核的长度；G_{Ic} 为裂纹扩展力；σ_a 为交变应力振幅。

材料在 0 到 N 周间不发生疲劳断裂的概率，即可靠性为

$$R(N) \approx \exp\left\{-M(N)V\int_0^N \frac{\left[\beta + \frac{1}{2N'}\left(\ln\frac{G_{Ic}E}{\pi(1-\nu^2)c_0\sigma_a^2} - BN'\right)\right]}{\sqrt{2\pi DN'}}\right.$$

$$\left. \cdot \exp\left[-\frac{\left(\ln\frac{G_{Ic}E}{\pi(1-\nu^2)c_0\sigma_a^2} - BN'\right)^2}{2DN'}\right]dN'\right\} \quad (10.7.15)$$

材料在 N 到 $N+dN$ 周间的失效概率密度为

$$W_f(N)dN = \frac{\partial P_f(N)}{\partial N}dN \approx \frac{M(N)V\left\{B + \frac{1}{2N}\left[\ln\frac{G_{Ic}E}{\pi(1-\nu^2)c_0\sigma_a^2} - BN\right]\right\}}{\sqrt{2\pi DN}} \cdot$$

$$\exp\left\{-\frac{\left[\ln\frac{G_{Ic}E}{\pi(1-\nu^2)c_0\sigma_a^2}-BN\right]^2}{2DN}\right\} \cdot$$

$$\exp\left\{-M(N)V\int_0^N \frac{B+\frac{1}{2N'}\left[\ln\frac{G_{Ic}E}{\pi(1-\nu^2)c_0\sigma_a^2}-BN'\right]}{\sqrt{2\pi DN'}} \cdot\right.$$

$$\left.\exp\left\{-\frac{\left[\ln\frac{G_{Ic}E}{\pi(1-\nu^2)c_0\sigma_a^2}-BN'\right]^2}{2DN'}\right\}dN'\right\} \tag{10.7.16}$$

材料在 N 周时的失效率为

$$\lambda(N) \approx \frac{M(N)V\left\{B+\frac{1}{2N}\left[\ln\frac{G_{Ic}E}{\pi(1-\nu^2)c_0\sigma_a^2}-BN\right]\right\}}{\sqrt{2\pi DN}} \cdot$$

$$\exp\left[-\frac{\ln\frac{G_{Ic}E}{\pi(1-\nu^2)c_0\sigma_a^2}-BN}{2DN}\right] \tag{10.7.17}$$

材料的平均寿命为

$$\overline{N}_f \approx \frac{N_0 L^2 G_{Ic}\sigma_0^{1/\beta}}{2.87\eta\sigma_a^{(1+\frac{1}{\beta})}}\left[\ln\frac{G_{Ic}E}{\pi(1-\nu^2)c_0\sigma_a^2}\right]^2\left[\frac{2a}{M(N_f)V}\right]^{1/8} \tag{10.7.18}$$

式中，$a \approx 10^{-3}$。

由式（10.7.13）、式（10.7.15）~ 式（10.7.18）可见，材料的 $P_f(N)$，$R(N)$，$W_f(N)dN$，$\lambda(N)$ 和 $\overline{N}_f$ 都是由交变应力振幅 σ_a 和金属特性量 E，N_0，L，G_{Ic}，σ_0 及 β 等决定的。

利用进一步的近似，式（10.7.13）、式（10.7.15）~ 式（10.7.17）可简化为

$$P_f(N) \approx 1-\exp\left\{-\left[\Gamma\left(\frac{7}{6}\right)\frac{N}{\overline{N}_f}\right]^6\right\} \tag{10.7.19}$$

$$R(N) \approx \exp\left\{-\left[\Gamma\left(\frac{7}{6}\right)\frac{N}{\overline{N}_f}\right]^6\right\} \tag{10.7.20}$$

$$W_f(N)dN \approx 6\left[\frac{\Gamma\left(\frac{7}{6}\right)}{\overline{N}_f}\right]^6 N^5 \exp\left\{-\left[\Gamma\left(\frac{7}{6}\right)\frac{N}{\overline{N}_f}\right]^6\right\}dN \tag{10.7.21}$$

$$\lambda(N) \approx 6\left[\frac{\Gamma\left(\frac{7}{6}\right)}{\bar{N}_f}\right]^6 N^5 \tag{10.7.22}$$

式中，$\Gamma\left(\frac{7}{6}\right)$ 为伽马函数。式（10.7.21）正是已知的 Weibull 分布，可见，疲劳寿命的 Weibull 分布在理论中是一种粗糙的近似。

本节讨论了材料退化失效的基本概念，给出了微观结构随机演化的动力学方程，统一推导出了失效概率、可靠性、失效概率密度、失效率和平均寿命，所有这些结果都可由同一组物理量表示。本节的显著特点是突出了微观机理与宏观特性的结合以及它们与统计性的有机联系，从而为将退化失效理论建立在材料微观结构随机演化的基础上提供了可能。

第 11 章

非平衡统计理论在其他方面的应用

11.1 无序的产生动力学——从晶体缺陷、机器异常到生物疾病和社会罪犯

一个有序系统，无论其结构或功能如何，不总是完全有序的，通常可能或多或少地包含某种无序。在物理学中，无序现象引起了广泛关注，晶体缺陷就是一个典型的例子。

尽管机器的大小、复杂程度及用途各不相同，但它们都是为实现某种功能而按照某种结构设计制造出来的，因此可认为是一种有序系统。但是，随着时间的流逝，机器会出现异常或故障，它们就是无序在机器内部产生的表现。

生命是一个具有结构序和功能序的多层次、自调控、自组织、自复制的有机系统。显然，这种严格有序的生命是健康的。而当生命患有疾病时，其生物序会遭到破坏，换言之，患病生物的某些功能或结构是无序的。

人类社会是由其成员按照一定的结构序或功能序组成的多层次复杂系统。但是在任何社会中，总是有些成员，如刑事犯、经济犯、政治犯等，其活动方式破坏了社会的结构序或功能序，变成了社会的无序分子。

综上所述，从物理到机器，从生物到社会，几乎一切有序系统中都存在着无序。如何用统一的概念甚至统一的数学模型来研究和描述各种有序系统中无序产生的规律，这是本节试图探讨的主题。

为何有序系统中会产生无序？对此需要有一个概念性的理解。在一个结构稳定的系统中，子系统处于有序态时，总会受到整个系统的束缚作用，这种束缚作用称为序势作用（在物理学中称为负势能的吸引作用），如图 11.1.1（a）所示。势谷越深，势

垒越高，子系统的稳定度就越大；反之，势谷越浅，势垒越低，子系统的稳定度就越小。子系统要越过势垒，就需供给它"能量"（广义言之）。只有当子系统受到某种外界无序力作用并获得足够的能量，使其可从稳定的有序态越过势垒而逃到不稳定态时，有序系统中才会出现无序。当序势为正时，系统没有稳定的有序态，子系统将有自动变成无序的趋势，如图 11.1.1（b）所示，由此可见，势垒的高低和子系统是否获得足够的"能量"就成为能否形成无序的关键。

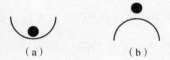

图 11.1.1　序势示意图

如上所述，系统的无序是在无序力的推动和序势的抵御过程中产生的，这种产生过程可视为一个非平衡动力学过程。接下来给出描述这种产生过程的动力学方程。设 t 为系统受无序力作用的时间，q 为一个子系统偏离有序态的偏离度，$\dot{q}$ 为 t 时 q 的偏离速率。$\dot{q}$ 通常由两部分决定：一是系统的序势，它总是抵御子系统的偏离；二是无序力，它是子系统偏离有序态的推动力。由于在研究无序时，整个系统是稳定的，因此平均而言，无序力的作用总是比序势的作用小很多，否则系统将会崩溃。考虑到无序力作用的不均匀性，可将作用于每个子系统上的无序力看作一种随机力。这样，子系统的 $\dot{q}$ 应遵守下列朗之万方程，即

$$\dot{q} = K(q) + f(t) \tag{11.1.1}$$

式中，$K(q)$ 由序势决定；$f(t)$ 由随机无序力决定。为简化起见，假设 $f(t)$ 是高斯分布的，即

$$\begin{cases} <f(t)> = 0 \\ <f(t)f(t')> = Q\delta(t-t') \end{cases} \tag{11.1.2}$$

式中，Q 为涨落偏离函数；$\delta(t-t')$ 为狄拉克函数。

根据随机理论，与式（11.1.1）等价的福克－普朗克方程为

$$\frac{\partial P(q,t)}{\partial t} = -\frac{\partial}{\partial q}[K(q)P(q,t)] + Q\frac{\partial^2 P(q,t)}{\partial q^2} \tag{11.1.3}$$

式中，概率密度分布函数 $P(q,t)\mathrm{d}q$ 为 $t=0$ 时有序态的子系统到 t 时偏离度在 q 至 $q+\mathrm{d}q$ 间的概率。式（11.1.3）就是求得的无序产生的动力学方程。

当 $K(q)$ 和 Q 已知时，则可由式（11.1.3）解出 $P(q,t)$。要求得 $K(q)$ 和 Q，就需进一步从各有关系统无序产生的具体机理着手，对于复杂系统，这显然是个艰巨的课题。

可以认为，当偏离度达到和超过某个临界值 q_c 时，子系统将发生质变，它将由有

序态变成无序态，于是可得一个子系统由有序变成无序的概率为

$$\chi(t) = \int_{q_c}^{\infty} P(q,t) \mathrm{d}q \tag{11.1.4}$$

其中，$\chi(t)$ 即无序在所有子系统中所占的百分数，简称无序率。对于晶体，$\chi(t)$ 表示 t 时产生某种缺陷（如点缺陷）的概率；对于生物，$\chi(t)$ 表示 t 时该生物患某种疾病的概率；对于人类社会，$\chi(t)$ 表示 t 时社会成员变成某种犯罪分子的概率。

当系统达到稳定时，无序率 χ 不随时间变化，这时，由式（11.1.3）得

$$Q\frac{\mathrm{d}P}{\mathrm{d}t} = K(q)P \tag{11.1.5}$$

式（11.1.5）的解为

$$P(q) = P_0 \exp\left[-\frac{U(q)}{Q}\right] \tag{11.1.6}$$

式中

$$U(q) = -\int_0^q K(q) \mathrm{d}q \tag{11.1.7}$$

具有序势的意义。归一化常数 P_0 由

$$\int_0^{\infty} P(q) \mathrm{d}q = 1 \tag{11.1.8}$$

确定。将式（11.1.6）代入式（11.1.4），即得稳定态时的无序率

$$\chi = P_0 \int_{q_c}^{\infty} \exp\left[-\frac{U(q)}{Q}\right] \mathrm{d}q \tag{11.1.9}$$

由式（11.1.9）可见，无序率 χ 是由序势和涨落偏离系数（由随机无序力决定）的比值 $U(q)/Q$ 决定的。$U(q)/Q$ 越大（即 $U(q)$ 越大，Q 越小），则无序率 χ 越小；反之，$U(q)/Q$ 越小（即 $U(q)$ 越小，Q 越大），则无序率 χ 越大。

对于晶体点缺陷，$U(q)$ 即点缺陷的产生能 U，Q 则与温度 T 有关，与式（11.1.9）对应的表示点缺陷浓度的公式为

$$\chi = \exp(-U/kT) \tag{11.1.10}$$

式中，k 为玻尔兹曼常数。

对于机器，$U(q)$ 与材料和工艺的质量有关，Q 则代表外界环境的作用。

对于生物，$U(q)$ 代表生物的抵抗力，Q 则代表外界环境的作用。在同一恶劣环境中，有些人患了病，另一些人仍保持健康，这不仅因两者感染程度可能不同，更主要的是因两者的抵抗力不同，因而 $U(q)/Q$ 不等。可见要保持健康，既要注意环境的清

洁卫生，更应努力提高机体自身的抵抗力。

对于人类社会，$U(q)$ 与本社会的经济、政治、思想意识、法律与教育等有关，Q 则与来自其他社会的政治、思想、物质和生活等影响有关。由于犯罪率是由 $U(q)/Q$ 决定的，故本节关于社会犯罪起因的观点，既不同于犯罪社会学的纯内因论，也有别于纯外因论，而是内外因相结合的辩证综合论。

11.2 浅论信息理论及其与生命科学的结合

科学史表明，一次大的工业革命，通常总会在其前后出现一套与之对应的基本理论。机械革命的基本理论是经典力学；动力革命的基本理论是热力学；电气化革命的基本理论是电动力学；以晶体管、激光和核能利用为代表的原子革命，其基本理论则是量子力学和相对论。如今，以现代通信、电视、计算机和互联网为代表的信息革命已对人类文明的进步作出了巨大贡献，且其发展势头依然迅猛。信息革命也有对应的基本理论吗？答案是肯定的，这就是信息基本理论，又称信息理论。需要指出，前 5 种理论都属于物理学范畴；而信息理论通常并不遵守物理学规律，其领域超出了物理学，因此被视为一种独立的基本理论。

物理学涵盖的领域很广，但其基本概念不多。在各基本概念中，力或相互作用力（或称能量）在物理世界和物理学中起着核心作用。在物理世界中，从原子核、原子、分子、固体到星体，它们的稳定性和运动规律都由力维持。各种相互作用力，即引力、电磁力、强力和弱力的性质，始终是物理学研究的核心内容。经典力学的牛顿运动方程、电动力学的麦克斯韦方程组、统计物理的刘维尔方程和量子力学的薛定谔方程，这些理论物理的基本方程中，相互作用力都起着核心作用。物理学各主要分支领域，如核物理、原子与分子物理、固体物理和天体物理等，其核心内容就是用物理学基本理论研究在各种相互作用力作用下的各层次物理客体，即物质的组成、结构、性质和运动规律。可以说，没有相互作用力，就没有物理世界，也就没有各种物理理论。

信息与物质和能量（或称力）同为人类赖以生存的三大基本要素，其重要性在信息革命充分体现。不仅如此，在生命世界、生命科学和思维科学中，信息作为基本概念，还起着类似于物理世界和物理科学中"力"的核心作用。生命由肉体"硬件"和信息"软件"两者结合而成。生命与非生命（包括计算机在内）的区别就在于生命是活的，是能通过信息自调控实现自适应、自更新和自复制的活的肉体系统。生命的产生、存在、发育、遗传、进化和衰老，生物社会的生存和发展，都有赖于信息的交换和调控。如果说肉体是生命的基础，那么信息就是生命个体和生物社会，特别是人类社会得以存在、繁衍和进化的灵魂。研究生命科学，应重视肉体与信息相结合。生命科学的一些基本理论，如生命起源和生命本质理论、生物遗传理论、发育理论和进化理论等，都将以信息为核心，正如物理学理论都以相互作用力为核心一样。然而，目前既没有这类定量的理论，甚至这一思路尚未进入有关专家的预测范围。值得一提的是，中医理论的现代化，也应立足于人体的信息调控。

信息理论作为独立的基本理论，应如引力理论和电磁理论一样，能够不依赖具体学科的特殊性而独立存在。虽然目前人们对信息理论的研究讨论范围广泛，但多数停留在定性层面。从数学和物理学角度来看，自然科学中的理论，特别是基本理论，都应有严格的定量数学表达式。以这个标准来衡量，信息理论目前还处于探索阶段。当前，概念明确、数学表述和运算严格、自成体系且能付诸多方面应用的，只有香农统计信息理论。

香农统计信息理论，迄今仍限于静态或平衡态，它与时空过程无关。近几年，著者将现有香农静态统计信息理论拓展至动态过程，建立了以描述信息化规律的动态信息和动态熵的演化方程为核心的动态统计信息理论，给出了信息流公式（包括漂移信息流和扩散信息流公式、信息耗损率公式、熵产生率公式、动态互信息和动态信道容量公式），并将信息与系统、信息理论和统计物理结合在一起。现有的香农静态统计信息理论则可看作动态统计信息理论的一个与全过程无关的特殊部分。

物理学中的基本相互作用力有 4 种，虽经长期的研究，但迄今未能统一。信息也有多种，统计信息仅是其中的一种。每一种信息，都应有其对应的信息理论。根据物理学研究的经验，信息理论学者当前的首要任务是探索建立各种可能的信息理论。至于建立统一的信息理论，则可能在更遥远的未来才能实现。

基于上述分析，有理由相信，在 21 世纪，信息理论将迎来重要发展，特别是当信息理论与生命科学相结合时，将会出现一些新的重要的生命科学理论。

11.3　动态统计信息理论及其与物理学和系统理论的关系

当前，香农统计信息理论已广泛应用于多种学科。然而这个理论迄今仍限于静态或平衡态，与时空过程无关。如何能将现有静态统计信息理论扩展至动态过程，以建立动态统计信息理论,是近几年来著者研究的一个重要课题。

费希尔(Fisher)信息在香农信息出现前就已提出,原仅用于估算测量误差,近年来,弗里登(Frieden)等证明,很多重要的物理方程都可利用 Fisher 信息推导出。这不仅显示了 Fisher 信息的重要性,也证明了信息理论与物理学间存在密切关系。但是 Fisher 信息与香农信息有何关系?它的物理意义又是什么?这些都是有待研究的问题。

系统理论虽已取得很多进展,但因其迄今未能定量地、唯一地解决重要的实际科学问题,因此尚未作为教科书的一部分进入大学课堂。如何将信息与系统相结合,一直是系统理论中亟待解决的一个重要问题。

本节就从著者所建立的动态统计信息理论中的基本方程——动态信息演化方程来统一讨论这三方面课题。

1. 香农动态信息演化方程

动态统计信息理论是研究动态信息演化规律及其应用的信息理论,它的核心是探求出反映这种演化规律的演化方程。

信息是客观事物状态及其运动规律的显示,通常由信息符号序列,如语言、文字、符号和信号等序列表示。在香农统计信息理论中,这种信息符号由一组随机变量表示。为了建立动态统计信息理论,将描述客观实际动力学系统状态的一组态变量当成是信息符号,这样,态变量在时空的传递就是信息符号的传递。因为在信息传递过程中,动力学系统的态变量既要按系统自身的运动规律变化,同时,它作为信息符号又要在坐标空间内传递,所以这里的态变量演化意味着其在态变量空间变化的同时又在坐标空间内传递。由于香农信息同时适用于自然系统和社会系统,其态变量 a 主要是宏观的或介观的,因此描述态变量的演化方程,即信息符号的演化方程应是福克 – 朗克方程,即

$$\frac{\partial P(a,x,t)}{\partial t} = -\frac{\partial}{\partial a}\Big[A(a)P(a,x,t) - v\frac{\partial P(a,x,t)}{\partial x} + \frac{\partial^2}{\partial a^2}[B(a)P(a,x,t)]\Big] + Q\frac{\partial^2 P(a,x,t)}{\partial a^2}$$

(11.3.1)

式中,$P(a,x,t)\mathrm{d}a\mathrm{d}x$ 为系统演化 t 时在 a 至 $a+\mathrm{d}a$ 间的态变量传递到空间坐标 x 至 $x+\mathrm{d}x$ 间的概率;$A(a)$ 为态变量自身的漂移变化速率,$B(a)$ 为相应的噪声强度或扩散系数,两者都由系统的运动规律和环境因素决定;v 为态变量在坐标空间的漂移传递速率;Q 是相应的噪声强度或扩散系数。

根据信息理论,动力学系统演化 t 时香农动态信息可定义为

$$I(t) = S_m - S(t) = \int P(a,x,t) \log \frac{P(a,x,t)}{P_m(a,x)} \mathrm{d}a\mathrm{d}x = \int I_{ax}(t) \mathrm{d}a\mathrm{d}x \qquad (11.3.2)$$

式中

$$I_{ax}(t) = P(a,x,t) \log \frac{P(a,x,t)}{P_m(a,x)} \qquad (11.3.3)$$

为单位坐标空间和单位态变量空间的动态信息密度。

将动态信息式（11.3.2）两边对时间 t 求偏导数并代入信息演化方程式（11.3.1），则得香农动态信息密度 $I_{ax}(t)$ 的演化方程

$$\frac{\partial I_{ax}}{\partial t} = -\frac{\partial}{\partial a}(AI_{ax}) - v\frac{\partial I_{ax}}{\partial x} + \frac{\partial^2}{\partial a^2}(BI_{ax}) + Q\frac{\partial^2 I_{ax}}{\partial x^2} -$$

$$\frac{B}{p}\left[\left(\frac{\partial}{\partial a}\log p\right)I_{ax} - \frac{\partial I_{ax}}{\partial a}\right]^2 - \frac{Q}{p}\left[\left(\frac{\partial}{\partial x}\log p\right)I_{ax} - \frac{\partial I_{ax}}{\partial x}\right]^2 \qquad (11.3.4)$$

简称香农动态信息演化方程。它是香农动态统计信息理论的基本方程，该方程指明，香农动态信息密度随时间的变化率是由其系统内部的态变量空间和传递过程的坐标空间由漂移、扩散和耗损三者引起的。由式（11.3.3）即可统一给出香农信息流公式、信息耗损率公式和动态互信息公式等，这些都是过去理论所未得到的。

当信息演化方程式（11.3.2）中的信息密度仅是态变量的函数，而不随时间和空间变化时，信息耗损等于零，这正是静态或平衡态统计信息理论的情况。可见现有香农静态统计信息理论可视为动态统计信息理论与时空过程无关的特殊部分。

2. 玻尔兹曼动态信息演化方程

香农熵是由统计物理中的玻尔兹曼熵移植的。本部分反过来，在统计物理中引入玻尔兹曼信息熵，并建立起玻尔兹曼动态统计信息理论。它的数学形式与香农动态统计信息理论类似，主要概念相同，主题也是相应的玻尔兹曼动态信息演化规律及其应用。然而，它的信息符号是微观粒子的状态向量，而其演化方程则是时间反演不对称的刘维尔扩散方程。这个方程是近些年著者提出的，它作为非平衡统计物理的基本方程，取代了原有的时间反演对称的刘维尔方程。当它用作信息符号演化方程时，其形式为

$$\frac{\partial \rho}{\partial t} = [H, \rho] - v\frac{\partial \rho}{\partial x} + D\nabla_q^2 \rho + Q\frac{\partial^2 \rho}{\partial x^2} \qquad (11.3.5)$$

式中，$\rho \equiv \rho(X, x, t) \mathrm{d}X\mathrm{d}t$ 为系统演化 t 时在 X 至 $X + \mathrm{d}X$ 间的状态向量传递到空间坐标 x 至 $x + \mathrm{d}x$ 间的概率；$H \equiv H(X)$ 为系统的哈密顿函数；D 为粒子的扩散系数；v 和 Q 的意义与式（11.3.1）中的一样。

类似香农动态信息演化方程的建立，结合动态信息定义与信息符号演化方程，即可得玻尔兹曼动态信息密度 $I_{Xx}(t)$ 的演化方程

$$\frac{\partial I_{Xx}}{\partial t} = -\nabla_x \cdot (\dot{X} I_{Xx}) - v \frac{\partial I_{Xx}}{\partial x} + D \nabla_q^2 I_{Xx} + Q \frac{\partial^2 I_{Xx}}{\partial x^2} - \frac{D}{k\rho} \left[(\nabla_q \ln\rho) I_{Xx} - \nabla_q I_{Xx} \right]^2 -$$
$$\frac{Q}{k\rho} \left[\left(\frac{\partial}{\partial x}\ln p\right) I_{Xx} - \frac{\partial I_{Xx}}{\partial x} \right]^2 \tag{11.3.6}$$

简称玻尔兹曼动态信息演化方程。它是玻尔兹曼动态统计信息理论的基本方程，指明了玻尔兹曼动态信息密度随时间的变化率是由其系统内部相空间和传递过程坐标空间的漂移、扩散和耗损三者共同引起的。由式（11.3.6）即可统一推导出信息流公式、信息耗损率公式和动态互信息公式等。

由于生物信息都是由生物大分子储存的，因此玻尔兹曼动态统计信息理论在生命过程中也可能具有实际价值。

3. Fisher 信息、香农信息耗损率与物理学

Fisher 信息与香农信息的关系虽已有研究，但本部分将给出更明确的解答。

为了与现有静态信息理论完全对应，并给出 Fisher 信息与香农信息的关系，这里不再考虑信息在时空的传递，只研究测量引起系统信息的变化。这种情况下，对动力学系统测量 t 时的动态信息应定义为

$$I(t) = S_m - S(t) = S_m + \int p(a,x,t)\log p(a,x,t) \mathrm{d}a\mathrm{d}x = S_m + \int I_{ax}(t) \mathrm{d}a\mathrm{d}x \tag{11.3.7}$$

式中，动态信息密度为

$$I_{ax}(t) = p(a,x,t)\log p(a,x,t) \tag{11.3.8}$$

同样，可求得香农动态信息演化方程为

$$\frac{\partial I_{ax}}{\partial t} = -K \frac{\partial I_{ax}}{\partial x} + Q \frac{\partial^2 I_{ax}}{\partial x^2} - Qp \left(\frac{\partial}{\partial x}\log p\right)^2 \tag{11.3.9}$$

式中，x 表示系统内的空间坐标；K 表示系统的漂移变化速率；Q 表示与测量误差有关的扩散系数。

由方程得香农信息耗损率为

$$\frac{\mathrm{d}_i I}{\mathrm{d}t} = -Q\int p \left(\frac{\partial}{\partial x}\log p\right)^2 \mathrm{d}x = -Q\int \frac{1}{p} \left(\frac{\partial p}{\partial x}\right)^2 \mathrm{d}x \tag{11.3.10}$$

当式（11.3.10）中的 $Q=1$ 时，它就等于 Fisher 信息 I_F。由此得

$$I_F = \frac{\mathrm{d}_i S}{\mathrm{d}t} = -\frac{\mathrm{d}_i I}{\mathrm{d}t} \tag{11.3.11}$$

可见，Fisher 信息等于香农信息耗损率或是香农信息熵产生率的一个特例。如何理解可利用 Fisher 信息推导出物理方程？可以认为，测量或描述物理规律需要耗损信息或产生信息熵；反之，物理规律可由其耗损的信息中探求出。

4. 信息与系统

从香农动态信息定义式（11.3.2）到香农动态信息演化方程式（11.3.4）可以看出，信息已与系统的态变量 a 及其运动规律$[A(a)$ 和 $B(a)]$结合在一起，信息耗损已是动力学系统的基本特性，信息（熵）演化则是系统有（无）序度演化的显示，而信息流则是沟通系统内部及系统与其环境间的桥梁。系统是信息之源，信息是系统的构件、生命系统的核心。信息与系统的这种密切关系，在香农和玻尔兹曼动态统计信息理论中都得到充分体现。

参 考 文 献

[1] GARDINER C W. Handbook of stochastic methods [M]. Berlin: Springer – Verlag, 1981.

[2] XING X S. Nonequilibrium statistical physics subject to the anomalous Langevin equation in Liouville space [J]. Journal of Beijing Institute of Technology, 1994 (3): 131 – 134.

[3] 邢修三. 试论统计物理基本方程 [J]. 中国科学 (A 辑), 1996, 26 (7): 617 – 629.

[4] 邢修三. 再论统计物理基本方程: 非平衡熵及其演化方程 [J]. 中国科学 (A 辑), 1998, 28 (1): 62 – 71.

[5] XING X S. On the fundamental equation of nonequilibrium statistical physics [J]. Science China Physics Mechanics & Astronomy, 1998, 12 (20): 2005 – 2029.

[6] 邢修三. 非平衡态统计物理原理新进展 [J]. 科学通报, 2000, 45 (12): 1235 – 1242.

[7] PRIGOGINE I. From being to becoming [M]. San Francisco: W. H. Freeman, 1980.

[8] BALESCU R. Statistical dynamics: Matter out of equilibrium [M]. London: Imperial College Press, 1997.

[9] KREUZER H J. Nonequilibrium thermodynamics and its statistical foundations [M]. Oxford: Clarendom Press. 1981.

[10] 邢修三. 熵产生率公式及其应用 [J]. 物理学报, 2003, 52 (12): 2969 – 2976.

[11] 邢修三. 物理熵、信息熵及其演化方程 [J]. 中国科学 (A 辑), 2001, 31 (1): 77 – 84.

[12] KUBO R, TODA M, HASHITSUME N. Statistical physics I and II [M]. Berlin: Springer – Verlag, 1995.

[13] DE GROOT S R, MAZUR P. Nonequilibrium thermodynamics [M]. Amsterdam: North – Holland, 1962.

[14] JOST W. Diffusion in solids, liquids, gases [M]. New York: Academic Press, 1960.

[15] HOLINGER H B, ZENZEN M J. The nature of irreversibility [M]. Dordrecht:

D. Reidel Publishing Company, 1985.

[16] HAKEN H. Synergetics [M]. Berlin: Springer – Verlag, 1983.

[17] CADDELL R M. Deformation and fracture of solids [M]. New Jersey: Prentice – Hall, 1980.

[18] NABARRO F R N. Dislocations in solids V4 [M]. Amsterdam: North – Holland Publishing, 1979.

[19] RISKEN H. The Fokker – Planck equation [M]. Berlin: Springer – Verlag, 1989.

[20] 冯端. 金属物理学 第一卷结构与缺陷 [M]. 北京: 科学出版社, 1998.

[21] MAGNASCO M O. Forced thermal ratchets [J]. Phys. Rev. Lett., 1993, 71 (10): 1477 – 1480.

[22] BARTUSSEK R, HANGGI P, KISSER J G. Periodically rocked thermal ratchets [J]. Europhys. Lett., 1994, 28 (7): 459 – 464.

[23] 李政道. 统计力学 [M]. 上海: 上海科学技术出版社, 2006.

[24] ZUBAREV D N. Nonequilibrium statistical thermodynamics [M]. New York: Consultants Bureau, 1974.

[25] 柯孚久, 白以龙, 夏蒙棼. 理想微裂纹系统演化的特征 [J]. 中国科学 (A 辑), 1990, 20: 621.

[26] 夏蒙棼, 韩闻生, 柯孚久, 等. 统计细观损伤力学和损伤演化诱致突变 [J]. 力学进展, 1995, 25: 1.

[27] 李晖凌, 黄筑平. 应变率敏感性对微孔洞统计演化规律的影响 [J]. 中国科学 (A 辑), 1996, 26: 751 – 757.

[28] 李强, 贺子如, 宋名实, 等. 玻璃态高聚物损伤断裂的非平衡统计理论 [J]. 中国科学 (A 辑), 1995, 25: 1082 – 1090.

[29] LIEBOWITZ H., Fracture I – VII [M]. New York: Academic Press, 1968.

[30] STROH A N. A theory of the fracture of metals [J]. Advances in Physics, 1957, 6: 418 – 465.

[31] HIRTH J P, LOTHE J. Theory of dislocations [M]. NewYork: McGraw – Hill, 1968.

[32] SMITH E. The interaction between two coplanar dislocation – type cracks [J]. Proceedings of the Royal Society of London, 1966, A292: 134 – 151.

[33] HEALD P T, AKLINSON C. The influence of slip dislocations on the propagation of

fracture from a crack tip [J]. Acta Metallurgica, 1967, 15: 1617 – 1620.

[34] COTTRELL A H. The mechanical properties of matter [M]. New York: Wiley, 1964.

[35] KOCAŃDA S. Fatigue failure of metals [M]. Alphen aan den Rijn: Sijthoff and Noordhoff International Publishers, 1978.

[36] KLESNIL M, LUKÁS P. Fatigue of metallic materials [M]. Amsterdam: Elsevier, 1980.

[37] FAM T Y. The kinetic energy formula of a moving crack in elasto – plastic medium [J]. Chinese Physics Letters, 1985, 2: 153 – 156.

[38] VIRKLER D A, HILLBERRY B M. The statistical nature of fatigue crack propagation [J]. Journal of Engineering Materials and Technology, 1979, 101 (2): 148 – 153.

[39] ARIARATNAM S, LEIPHOLZ H. Stochastic problems in mechanics [C] // Proceedings of the Symposium on Stochastic Problems in Mechanics. Ontario: the University of Waterloo, 1973.

[40] FUCHS H O, STEPHENS R I. Metal fatigue in engineering [M]. New York: John Wiley&Sons, 1980.

[41] FROST N E, MARSH K J, Pook L P. Metal fatigue [M]. Oxford: Clarendon Press, 1974.

[42] KRAUSZ A S, KRAUSZ K. Fracture kinetics of crack growth [M]. Dordrecht: Kluwer Academic Publishers, 1988.

[43] Регель А И ИДР. Кииетическая природа прочиости твердых теа [M]. наука, 1974.

[44] ZHURKOV S N. Kinetic concept of the strength of solids [J]. International Journal of Fracture, 1984, 26: 295 – 307.

[45] EVANS A G. YEN T S, PASK J A, et al. Microstructure and properties of ceramic materials [M]. Beijing: Science Press, 1984: 236.

[46] EVANS A G, WIEDERHORN S M. Proof testing of ceramic materials—an analytical basis for failure prediction [J]. International Journal of Fracture, 1984, 26: 355 – 368.

[47] LANGE F F, BRADT R C, EVANS AG, et al. Fracture mechanics of ceramics 5 [M]. New York: Plenum Press, 1983: 227.

[48] WIEDERHORN S M, FULLER E R. Structural reliability of ceramic materials [J]. Materials Science and Engineering, 1985, 71: 169 – 186.

[49] 巫松桢. 威伯尔分布函数在绝缘电老化试验研究中的应用（一）[J]. 绝缘材料,

1982（1）：26－33.

[50] 巫松桢. 威伯尔分布函数在绝缘电老化试验研究中的应用（二）[J]. 绝缘材料，1982（2）：30－37.

[51] 巫松桢. 威伯尔分布函数在绝缘电老化试验研究中的应用（三）[J]. 绝缘材料，1982（3）：21－31.

[52] 尼科利斯, 普里戈京. 非平衡系统的自组织[M]. 北京：科学出版社，1986.

[53] 哈肯. 协同学引论[M]. 北京：原子能出版社，1984.

[54] 邢修三. 疲劳断裂非平衡统计理论：Ⅰ. 疲劳微裂纹长大的位错机理和统计特性[J]. 中国科学（A辑），1986，29（5）：501－510.

[55] 邢修三. 疲劳断裂非平衡统计理论：（Ⅱ）从微观机理到疲劳断裂的宏观特性[J]. 中国科学（A辑），1986（8）：840－852.

[56] 王亚辉, 吴志纯. 走向21世纪的生物学[M]. 北京：华夏出版社，1992.

[57] 钟义信. 信息科学原理[M]. 3版. 北京：北京邮电大学出版社，2002.

[58] HOFKIRCHNER W. The quest for a unified theory of information[M]. Amsterdam：Gordon and Breach Publishers，1996.

[59] 朱雪龙. 应用信息理论基础[M]. 北京：清华大学出版社，2000.

[60] VERDU S, MCLAUGHLIM S. Information theory：50 years of discovery[M]. New York：IEES Press，2000.

[61] 邢修三. 动态统计信息理论[J]. 中国科学（G辑），2005，35（4）：337－368.

[62] 邢修三. 论动态统计信息理论[J]. 北京理工大学学报，2004，24（1）：1－15.

[63] 邢修三. 非平衡统计信息理论[J]. 物理学报，2004，53（9）：2852－2863.